U0571632

# 智能物流技术

主　　编　周日升　张炜文
副 主 编　殷学祖　夏　妍　万贵银
主　　审　缪兴锋

北京理工大学出版社
BEIJING INSTITUTE OF TECHNOLOGY PRESS

## 内 容 提 要

本书根据物流产业的发展要求，纳入了"新技术、新工艺、新规范"等内容，对接职业标准和岗位要求，行业特点鲜明。本书的主要内容包括认识智能物流信息技术、物流信息采集和识别技术、空间信息技术、物流信息存储与传输交换技术、物流预测与决策、物流智能化技术。

在本书的编写过程中，编者始终坚持理论与实践相结合的原则，每个任务均有知识目标、能力目标和素质目标，主要重、难点均配备了微课视频进行讲解。

本书既可作为中高职院校物流类专业的教材，也可作为物流企业相关从业人员的培训教材。

**图书在版编目（C I P）数据**

智能物流技术／周日升，张炜文主编．－－北京：
北京理工大学出版社，2023.11
ISBN 978-7-5763-3110-3

Ⅰ．①智… Ⅱ．①周… ②张… Ⅲ．①智能技术-应用-物流管理-教材 Ⅳ．①F252

中国国家版本馆 CIP 数据核字（2023）第 222290 号

| | | | |
|---|---|---|---|
| **责任编辑：**钟　博 | | **文案编辑：**钟　博 | |
| **责任校对：**刘亚男 | | **责任印制：**施胜娟 | |

**出版发行** ／ 北京理工大学出版社有限责任公司
**社　　址** ／ 北京市丰台区四合庄路 6 号
**邮　　编** ／ 100070
**电　　话** ／（010）68914026（教材售后服务热线）
　　　　　　（010）68944437（课件资源服务热线）
**网　　址** ／ http://www.bitpress.com.cn

**版 印 次** ／ 2023 年 11 月第 1 版第 1 次印刷
**印　　刷** ／ 唐山富达印务有限公司
**开　　本** ／ 787 mm×1092 mm　1/16
**印　　张** ／ 13
**彩　　插** ／ 1
**字　　数** ／ 305 千字
**定　　价** ／ 69.00 元

# 前　言

物流产业是支撑国民经济社会发展的基础性、战略性、先导性产业，党的二十大报告指出，要加快建设"交通强国""加快发展物联网，建设高效顺畅的流通体系，降低物流成本"。物流产业通过与互联网、大数据、物联网、人工智能、区块链等新一代前沿技术深入融合，逐渐衍生出众多服务于物流生产的智能物流技术应用场景。应用智能物流技术，可以提高物流生产效率，提升物流工作的舒适度与便利度，推动构建现代物流体系，推进现代物流的提质、增效、降本。

多年在物流企业从事物流技术研究与应用的工作经历，让编者深感智能物流技术对当下与未来物流产业改革与发展的意义。在本书中，编者将物流行业高新尖技术的复杂原理用通俗易懂的语言表达出来，以便于学生理解，并紧密结合相关技术在物流实践中的应用，提高学生的专业技能水平。

本书的主要特色如下。

## 1. 内容覆盖完整

本书包含了智能物流基础技术，如网络技术、大数据技术与云计算技术等；物流信息核心技术，如条码技术、射频识别（RFID）技术、北斗卫星导航系统/全球定位系统（BDS/GPS）技术、地理信息系统（GIS）技术等；智能物流前沿技术，如无人仓、无人超市、无人机等物流智能化技术。

## 2. 案例新颖，结合实际

本书力求选取新颖的案例，以便引起学生的共鸣，启发学生的思考，提高学生分析与解决问题的能力。

## 3. 教学资源丰富

针对本书的重、难点，编者制作了近 30 个微课小视频，以二维码的形式呈现在书中，切实帮助教师突出重点、突破难点，并有助于提高学生的创造性思维能力。本书还配有教学PPT、教案、习题集等教学资源，便于教师安排教学。

## 4. 提供网络互动式实训平台

广州德镱信息技术有限公司是服务全国广大中高职及普通高等院校，具有独立系统开发能力与软件服务能力的国家级高新技术企业。各企业的负责人参与本书的编写工作，并开发了四个网络互动式实训平台，包括"基于 RFID 技术的无人超市实训平台""基于 VR 仿真技术的无人仓实训平台""基于 BDS/GPS 与 GIS 技术的北斗+智慧物流实训平台""基于

BDS/GPS 与 GIS 技术的北斗卫星实训系统"，师生可以免费使用。

基于 RFID 技术的无人超市实训平台

基于 VR 仿真技术的无人仓实训平台

基于 BDS/GPS 与 GIS 技术的
北斗+智慧物流实训平台

基于 BDS/GPS 与 GIS 技术的
北斗卫星实训系统

本书由广东机电职业技术学院周日升、张炜文担任主编，广州德镱信息技术有限公司殷学祖、福州商贸职业中专学校夏妍、上海商业会计学校万贵银担任副主编，由广东财贸职业学院缪兴锋主审。其中，周日升负责项目二、项目五的编写，张炜文负责项目六的编写，殷学祖负责项目三的编写，夏妍负责项目一的编写，万贵银负责项目四的编写；周日升负责全书的统稿。

尽管在本书的编写过程中，编者花费了大量精力，但由于编者水平有限，加之时间仓促，书中难免存在疏漏之处，恳请广大读者批评指正。

编　者

# 目　录

# 项目一

# 认识智能物流信息技术

## ▣ 项目简介

　　智能物流将条码技术、射频识别技术、传感器技术、全球定位技术等先进的物联网技术，通过信息处理和网络通信技术平台广泛应用于物流行业的运输、仓储、配送、包装、装卸等基本活动环节，实现了货物运输过程的自动化运作和高效率优化管理，提高了物流行业的服务水平，降低了成本，减少了自然资源和社会资源的消耗。

　　智能物流信息技术是现代信息科学技术在物流行业各个作业环节中的综合应用，是现代物流区别于传统物流的重要标志，也是物流技术中发展最快的领域。现代物流行业的发展有赖于智能物流信息技术水平的提升，智能物流信息技术对现代物流行业的发展有着巨大的推动作用。正是有了智能物流信息技术的飞速发展，现代物流行业的发展才如此迅速。

## ▣ 职业素养

　　通过学习本项目，学生应能了解我国智能物流信息技术的发展过程，掌握智能物流信息技术的发展现状与趋势，培养对科学技术的热爱，增强学习物流专业的自信心，形成利用智能物流信息技术促进物流行业高质量发展的意识。

### ▣ 知识结构导图

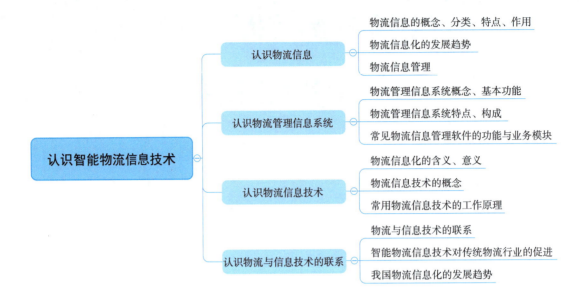

# 任务一　认识物流信息

## 📝 任务背景

　　近年来，国家密集地发布智能物流刺激政策，推动了智能物流技术的进步及应用水平。2021年，中共中央发布《中华人民共和国国民经济和社会发展第十四个五年规划和2035年远景目标纲要》，提出了构建基于5G的应用场景和产业生态，在智能交通、智能物流、智慧能源、智慧医疗等重点领域开展试点示范的观点；2021年，工业和信息化部等15部委发布《"十四五"机器人产业发展规划》，提出"到2025年我国将成为全球机器人技术创新策源地、高端制造聚地和集成应用新高地，'十四五'期间机器人产业营业收入年均增速超过20%"的计划。2016—2021年中国智能物流行业政策及法律法规见表1-1。

表1-1　2016—2021年中国智能物流行业政策及法律法规

| 文件名称 | 颁布机构 | 发布时间 | 主要内容 |
| --- | --- | --- | --- |
| 《关于积极推荐"互联网+"行动的指导意见》国发〔2015〕40号 | 工业和信息化部、国家发展和改革委员会、科学技术部、财政部 | 2015.7 | 攻克关键技术装备（包括智能物流与仓储装备），具体包含：轻型高速堆垛机、超高超重型堆垛机、高速智能分拣机、智能多层穿梭车、智能化高密度存储穿梭板、高速托盘输送机、高参数自动化仓库、高速大容量输送与分拣成套装备、车间物流智能化成套装备 |

续表

| 文件名称 | 颁布机构 | 发布时间 | 主要内容 |
|---|---|---|---|
| 《智能制造发展规划（2016—2020年）》工信部联合规〔2016〕349号 | 工业和信息化部、财政部 | 2016.9 | 创新产学研用合作模式，研发高档数控机床与工业机器人、增材制造装备、智能传感与控制装备、智能检测与装配装备、智能物流与仓储装备五类关键技术装备 |
| 《新一代人工智能发展规划》国发〔2017〕35号 | 国务院 | 2017.7 | 开发智能物流仓储设备，提升高速分拣机、多层穿梭车、高密度存储穿梭板等物流装备的智能化水平，建设无人化智能仓储；同时，创新人工智能产品和服务 |
| 《推动物流业制造业深度融合创新发展实施方案》发改经贸〔2020〕1315号 | 国家发展和改革委员会 | 2020.9 | 鼓励制造业企业开展物流智能化改造，推广应用物流机器人、智能仓储、自动分拣等新型物流装备 |
| 《中华人民共和国国民经济和社会发展第十四个五年规划和2035年远景目标纲要》 | 全国人民代表大会和中国人民政治协商会议 | 2021.3 | 建设现代物流体系，加快发展冷链物流，统筹物流枢纽设施、骨干线路、区域分拨中心和末端配送节点建设，完善国家物流枢纽、骨干冷链物流基地设施条件 |

伴随着社会生产力的高速发展、科研技术水平的提高，以及自动化技术的广泛推广和应用，为了适应企业高效、准确、低成本的仓储、分拣、运输等物流要求，智能物流信息技术高速发展，智能物流系统应运而生，极大地降低了物流业和制造业各环节成本。据相关数据统计，2020年，全球智能物流行业市场规模达559.07亿美元，预计到2026年有望超过1 000亿美元，达到近1 130亿美元。随着工业4.0时代加速到来，客户需求从自动化升级为智能化，5G、物联网、人工智能、大数据等智能物流技术将推动智能物流市场的发展。

[资料来源：华经情报网（https：//www.huaon.com/）]

 任务目标

**知识目标**

（1）掌握物流信息的基本概念、作用、发展特点及趋势。

（2）掌握常用的智能物流信息技术及工作原理。

**能力目标**

（1）能够辨别常见物流信息，并对物流信息进行分类；

（2）能够根据智能物流信息技术的特点，区分智能物流信息技术的应用场合。

**素质目标**

（1）树立信息技术改变生活的观念，为适应将来社会发展的需求而努力学习新的科学技术。

（2）认识智能物流信息技术对传统物流行业的促进作用。

## ✎ 知识准备

物流信息首先是反映物流领域各种活动状态、特征的信息，是对物流活动的运动变化、相互作用、相互联系的真实反映，包含知识、资料、情报、图像、数据、文件、语言、声音等各种形式，它随着从生产到消费的物流活动的产生而产生，与物流的各种活动，如运输、保管、装卸、包装、配送等有机地结合在一起，是整个物流活动顺利进行所不可缺少的条件，如运输活动要根据供需数量和运输条件等信息确定合理的运输路线、选择合适的运输工具、确定经济运送批量等，装卸活动要根据运货的数量、种类、到货方式，以及包装情况等信息来确定合理的组织方式、装卸设备、装卸顺序等。

物流信息还是物流活动与其他活动联系的有关情况的消息，如商品交易信息、市场信息等，这些信息在整个物流供应链上流动，反映物流供应链上的生产厂家、批发商、零售商、消费者之间的关系，是保证物流供应链协调一致、得到有效控制、快速反应市场需要的重要条件。

### 一、物流信息的概念

物流信息（Logistics Information）是反映物流活动中各种内容的知识、资料、图像、数据、文件的总称，如图 1-1~图 1-3 所示。

图 1-1　京东物流信息跟踪

### 二、物流信息的分类

物流有很多种分类方法，信息也有很多种分类方法，因此物流信息的分类方法也有很多种。

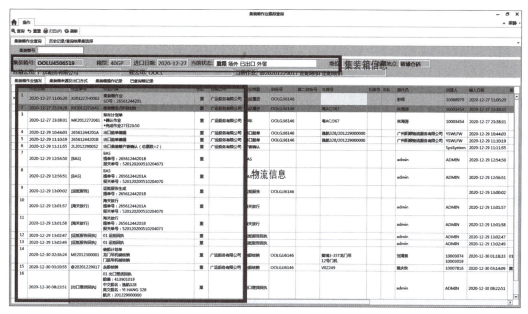

图 1-2　港口集装箱物流信息

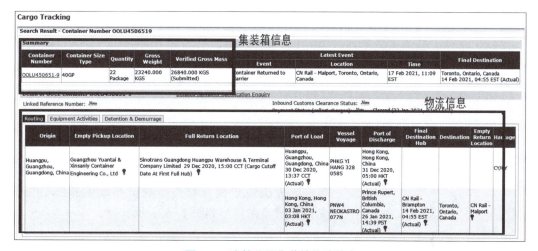

图 1-3　班轮公司集装箱物流信息

## （一）按功能分类

按功能分类，物流信息包括仓储信息、运输信息、加工信息、包装信息、装卸信息等。

## （二）按环节分类

按环节分类，物流信息包括输入物流活动的信息和物流活动产生的信息。

## （三）按作用层次分类

按作用层次分类，物流信息包括基础信息、作业信息、协调控制信息和决策支持信息。

### （四）按加工程度的不同分类

按加工程度的不同分类，物流信息包括原始信息和加工信息。

## 三、物流信息的特点

（1）物流信息随物流活动而产生，物流信息量大、分布广、种类多。

（2）物流信息动态性特别强，具有较高的时效性。

（3）物流信息种类多，不仅物流系统内部各个环节有不同种类的信息，而且由于物流系统与其他系统（如生产系统、销售系统、消费系统）密切相关，所以必须收集这些类别的信息，如图1-4所示。

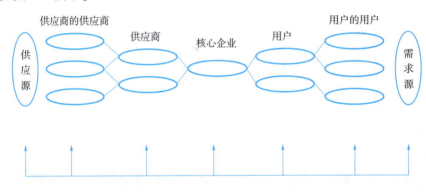

图 1-4　物流信息

## 四、物流信息的作用

物流信息在物流活动中具有十分重要的作用，其通过收集、传递、存储、处理、输出等，成为决策依据，对整个物流活动起指挥、协调、支持和保障作用，如图1-5所示。

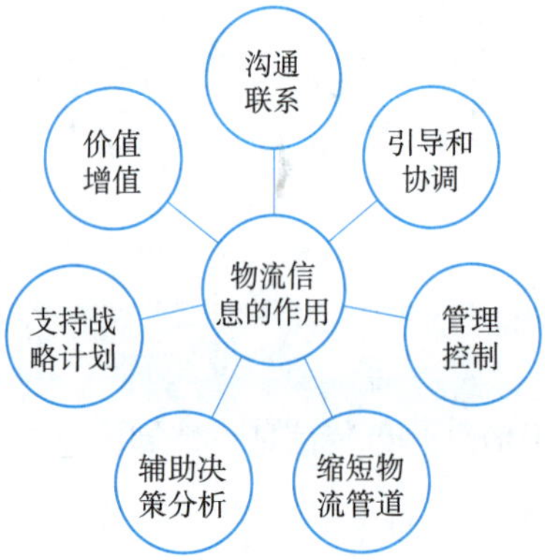

### （一）沟通联系的作用

物流系统是由许多行业、部门以及众多企业群体构成的经济大系统，系统内部正是通过各种指令、计划、文件、数据、报表、凭证、广告、商情等物流信息，建立起各种纵向和横向的联系，沟通生产厂、批发商、零售商、物流服务商和消费者，满足各方的需求。因此，物流信息是使物流活动各环节之间产生联系的桥梁。

图 1-5　物流信息的作用

### （二）引导和协调的作用

物流信息随着物资、货币及物流当事人的行为等信息载体进入物流供应链；同时，物流信息也随着物流信息载体反馈给物流供应链上的各个环节。依靠物流信息及其反馈引导物流供应链结构的变动和物流布局的优化；协调物资结构，使供需平衡；协调人、财、物等物流资源的配置，促进物流资源的整合与合理使用等。

### （三）管理控制的作用

通过移动通信、计算机网络、电子数据交换（Electronic Data Interchange，EDI）、全球定位系统（Global Positioning System，GPS）等技术实现物流活动的电子化，如货物实时跟踪、车辆实时跟踪、库存自动补货等，用信息化手段代替传统的手工作业，实现对物流运行、服务质量和成本等的管理控制。

### （四）缩短物流管道的作用

为了应对需求波动，通常在物流供应链的不同节点上设置库存，包括中间库存和最终库存，如零部件、在制品、制成品的库存等，这些库存增加了物流供应链的长度，提高了物流供应链成本。但是，如果能够实时掌握物流供应链上不同节点的信息，如知道在物流供应链中，在什么时候、什么地方，有多少数量的货物可以到达目的地，就可以发现过多的库存并将其缩减，从而缩短物流供应链的长度，提高物流服务水平。

### （五）辅助决策分析的作用

物流信息是制订决策方案的重要基础和关键依据，物流管理决策过程本身就是对物流信息进行深加工的过程，是对物流活动的发展变化规律的认识过程。物流信息可以协助物流管理者鉴别、评估、比较物流战略和策略，然后确定可选方案。车辆调度、库存管理、设施选址、资源选择、流程设计，以及有关作业比较和安排的成本–收益分析等均在物流信息的帮助下才能做出科学决策。

### （六）支持战略计划的作用

作为决策分析的延伸，物流战略计划涉及物流活动的长期发展方向和经营方针的制订，如企业战略联盟的形成、以利润为基础的客户服务分析，以及能力和机会的开发与提炼；作为一种更加抽象、松散的决策，它是对物流信息进一步提炼和开发的结果。

### （七）价值增值的作用

物流信息本身是有价值的，而在物流领域，物流信息在实现其使用价值的同时，其自身的价值也呈现增长的趋势，即物流信息本身具有增值特征。另外，物流信息是影响物流的重要因素，它把物流的各个要素和相关因素有机地组合并连接起来，以形成现实的生产力和创造更高的社会生产力。同时，在社会化大生产条件下，生产过程日益复杂，物流诸要素都渗透着知识形态的信息，物流信息真正起着影响生产力的现实作用。企业只有有效地利用物流信息，将其投入生产和经营活动，才能使生产力中的劳动者、劳动手段和劳动对象结合，产生放大效应，提高经济效益。物流系统中各个环节的优化措施（如选用合适的设备、设计合理的路线、决定库存储备等）都要切合联系实际，即都要依靠准确反映实际的物流信息。否则，任何行动都不免带有盲目性。因此，物流信息对提高经济效益起着非常重要的作用。

## 五、物流信息化的发展趋势

中国物流信息化的发展最早可追溯到 20 世纪 80 年代中后期，经历了 MRP（物料需求计划）、ERP（企业资源计划）、MRPⅡ（制造资源计划）等不同的发展阶段。随着信息技术的快速发展、国家政策的大力推动以及市场需求的持续拉动，物流信息化得到了越来越广泛的重视与应用，促进了物流产业的智慧升级与发展，呈现出以下特点。

（1）"互联网+"进一步促进了物流信息化建设。

（2）物联网与物流行业深度融合。

（3）大数据技术的应用更加深入。

（4）物流云是构建物流新生态的基础。

（5）区块链技术的应用将更加广泛。

（6）物流诚信平台为实现联合惩戒提供了有效手段。

（7）物流信息化建设仍有较大的改进空间。

## 六、物流信息管理

物流信息管理是对物流信息进行采集、处理、分析、应用、存储和传播的过程，也是将物流信息整理出来，使其从分散到集中、从无序到有序的过程。

> **知识链接**
>
> ### 顺丰正式发布三款大数据产品
>
> 电子商务在逐渐发展成一种主流消费方式的同时，也带动了物流产业的发展。越来越多的网络购物节涌现，它们除了激发人们的购物欲之外，也给各物流企业带来了不小的压力。仅靠传统的人力工作已经无法满足日常的繁重工作需求，对产业运作的智能化、高效化的要求越来越迫切。2020 年 7 月，在由中国国际大数据产业博览会执委会主办的 2020"数博发布"活动上，顺丰正式发布了其自主研发的大数据平台、数据灯塔和丰溯三款产品。
>
> 大数据平台作为顺丰数据中台体系的核心技术底盘，提供大数据全生命周期的服务能力，具有低代码、大容量、高性能、全链路、强安全等特性。其通过实现平台的低代码化，解决了大数据人才紧缺、需求和研发供给之间的矛盾；足够的存储及管理能力，可以支撑顺丰每天的数据增长，满足多元易购的数据存储管理要求；每天承载近几十万个计算任务调度，提供离线、实时等不同的时效性计算服务，为高速运转的物流管理、运作体系提供算力支撑。
>
> 数据灯塔对快递全生命周期数据进行实时监控，让顺丰的企业客户能够更及时掌握物流动态，实时发现可能存在的问题并进行干预，为物流的优化提供数据支撑。例如，数据灯塔为活跃客户提供实时数据、异常预警、流向分析等服务，让客户能及时获取物流数据，并对其进行有效分析。顺丰数据灯塔系统界面如图 1-6 所示。

图1-6 顺丰数据灯塔系统界面

丰溯（顺丰打造的区块链溯源平台）使用区块链+物联网技术对产品进行溯源，从生产和加工源头保证产品品质和安全。对于高端食品的溯源，丰溯实行了多种溯源模式，针对地方特色农产品实施端到端的全流程追溯，包括种植、预处理加工、质检、仓储、物流、销售等全环节；针对跨境食品实施关键环节追溯，主要包括海外物流、报关、国内物流等重要信息。在医药领域，丰溯打通了顺丰医药的业务系统，实现了药品和疫苗的流向、温度、回单等关键信息的追溯和存证，帮助客户合规经营并提升自身的营运效率。

（资料来源：中国物流与采购联合会）

**行业资讯**

### 企业家看二十大｜满帮集团张晖：以数字技术推动建设智能物流

2022年10月16日，中国共产党第二十次全国代表大会在北京人民大会堂开幕，习近平总书记代表第十九届中央委员会在大会上作报告。聚焦二十大报告，满帮集团（以下简称"满帮"）董事长兼CEO张晖对新京报贝壳财经记者表示，制造强国离不开制造业物流高质量发展，对于交通强国，物流也是重要内容。十八大以来，满帮等网络货运平台不断加强技术创新，满帮率先在大数据的支持下，整合零散运力、货源，将货运匹配流程数字化，利用移动互联网、大数据等新技术，打造一个数字化、标准化和智能化的智能物流生态平台，促进货运全网互联互通，为智能物流发展赋能，充分释放网络货运平台的发展动能，建设满足经济社会发展新需求的现代流通体系，推动物流业、制造业和农业深度融合。

张晖还提到，满帮也将在科技创新上下更大功夫，继续运用大数据、算法匹配、人工智能等技术，帮助用户创造更大价值。

　　他还称，绿色高效、可持续发展是走向交通强国的重要方向，满帮除了在2021年累计减少碳排放近1 000吨，还将落实加快建设交通强国的要求，以数字技术推动建设智能物流、助力公路货运领域碳减排。

（资料来源：《新京报》）

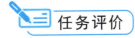 **任务实施**

　　**任务背景：** 小明是一位在读的中职学生，他分别在京东商城自营店和淘宝网站购买了商品。为了解商品物流状态，小明对物流信息进行查阅。

　　**任务要求：** 学生阐述对数据、信息、物流信息等概念的理解，并结合任务中的网购活动，列举主要的物流信息。

　　**实施步骤如下。**

　　（1）学生登录电商平台，查看"我的订单"中的"物流详情"。

　　（2）记录"物流详情"中的相关物流信息。

　　（3）2～3名学生为一组，讨论网购物流信息的主要内容，比较不同电商平台的物流信息差异。

　　（4）讨论实现以上物流信息跟踪主要使用哪些技术，并说出信息技术在日常生活中的作用。

**任务评价**

完成任务评价（表1-2）。

表1-2　任务评价

任务评价得分：

| 序号 | 评价项目 | 分数 | 自我评分 | 教师评分 |
|---|---|---|---|---|
| 1 | 能够查看物流状态并准确记录物流信息 | 20 | | |
| 2 | 能够正确列举各种物流信息内容 | 30 | | |
| 3 | 能够结合不同电商平台的物流信息分析不同电商平台的物流服务水平 | 20 | | |
| 4 | 能够说出4种以上物流信息技术 | 20 | | |
| 5 | 能够联系实际分析物流信息技术在生活中的应用 | 10 | | |

注：任务评价得分＝自我评分×40%＋教师评分×60%。

# 任务二　认识物流管理信息系统

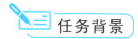 任务背景

　　近几年，电商巨头在开展"大促"时，与往年价格厮杀战不同，各企业纷纷把战场转向物流领域。一方面全面开打物流速度战，不断扩展"分钟级配送"；另一方面，"黑科技"轮番上阵，加快推广无人仓和投递技术。作为电商的基础设施，物流仓储和配送一直都是商家的"核心竞争力"之一。随着消费者对体验的要求不断提升，商家们也开始意识到，只有让物流仓储配送也进入更加"智慧"的时代，才能够满足消费者的需求。

　　除了物流基础建设及各种物流"黑科技"外，作为仓储物流底层基础架构的物流管理信息系统（Logistics Management Information System）也是决定物流速度和效率的非常重要的因素。高效的订单处理速度和仓储发货流程是保证物流配送体验的第一步！

　　**订单：没有最快，只有更快！**

　　客户下完订单后，订单便通过商家的 ERP 系统进行处理并同步到仓储管理系统（WMS）进行发货。订单处理同步的及时准确直接影响后续的发货速度。特别是在"大促"活动期间，订单量暴涨，一些传统的 ERP 系统难以承受，订单下载速度慢且容易出错，这会直接导致物流发货速度慢并可能造成订单错漏发的情况，直接从源头影响物流体验。

　　**发货：提高拣货效率是关键！**

　　拣货是电商仓库管理中最复杂的环节，在发货环节所投入的劳动力成本也远远高于收货和库存管理环节。如何设计仓储管理系统流程以提高拣货效率是决定仓库发货速度最核心的因素之一。

　　**灵活的订单波次生成规则**

　　针对不同的订单特性，将符合条件的订单聚合起来集中作业，是提高拣货效率的一种非常有效的方式。

　　**减少行走路径**

　　通过汇总拣货、ABC 类分类随机存储、拣货路径优化等方式，减少仓库工作人员在拣货时的行走路径，减员增效。

　　**缩短拣货等待时间**

　　通过手持设备及自动输送、自动控制、自动识别等方式来缩短拣货等待时间。

　　**减少人工搬运次数**

　　通过使用电动叉车等机械化设备减少人工搬运次数。

　　**缩短寻找商品的时间**

　　通过看板、电子标签、灯光显示牌来帮助仓库工作人员准确定位拣货商品，缩短寻找商品的时间，从而提高拣货效率。

　　减少思考、自动检测、减少重复动作等策略让仓储物流更有"智慧"。现代仓储物流的"智慧"离不开物流管理信息系统的支持。

## 任务目标

**知识目标**

（1）掌握物流管理信息系统的概念、功能和特点。

（2）掌握常用的物流管理信息系统的功能模块。

**能力目标**

（1）能够辨别常见的物流管理信息系统。

（2）能够在物流活动中使用物流管理信息系统完成物流作业。

**素质目标**

（1）培养实事求是、细致严谨的精神。

（2）认识物流信息管理系统对传统物流行业的促进作用。

随着信息技术和科技的飞速发展，以及市场竞争的加剧、物流供应链的整合，物流行业作为社会服务行业，越来越离不开物流信息技术的应用。现代物流是伴随着信息技术的发展而发展起来的。智能物流、绿色物流的发展都是以信息技术的应用为基础条件，尤其是物联网、云计算技术的发展，为物流效率的提升提供了新的可能性。先进的云计算系统为物流企业提供了高性能的计算机基础设施，提升了物流企业的数据处理能力；而物联网技术又为物流管理系统获取信息提供了多种方式，为物流活动中的数据采集提供了便利。

认识物流信息
管理系统（视频）

物流管理信息系统以信息技术的应用为核心，将技术与业务联系起来，发挥自身的优势，从而提高物流运作的效率、降低物流总成本。因此，物流管理信息系统被称为现代物流的"中枢神经"。

### 一、物流管理信息系统的概念

物流管理信息系统由计算机软/硬件、网络通信设备及其他办公设备组成，在物流作业、管理、决策方面对相关信息进行收集、存储、处理、输出和维护的人机交互，其示例（现代物流综合作业系统）如图1-7所示。

### 二、物流管理信息系统的基本功能

物流管理信息系统尽管有很多类型，但是其实现的功能大致相同，主要包括以下几个方面，如图1-8所示。

图 1-7 现代物流综合作业系统

图 1-8 物流管理信息系统的基本功能

### （一）数据收集与输入

在物流数据的收集过程中，首先将数据通过收集子系统从系统内部或者外部收集到预处理系统中，并整理成为系统要求的格式和形式，再输入物流管理信息系统。这个过程是其他功能得以发挥作用的前提和基础。

### （二）信息存储

物流数据进入物流管理信息系统之后，经过整理、分类和加工，成为支持物流管理信息系统运行的物流信息。物流管理信息系统的存储功能用于保证这些物流信息不丢失、不走样、不外泄，且整理得当、随时可用。

### （三）信息传输

在物流管理信息系统中，物流信息需要及时、准确地传输到各职能环节，以便相关决策部门做出相应的决策。这就需要物流管理信息系统具有客服空间障碍的功能。

### （四）信息处理

物流管理信息系统最根本的目的是将输入的物流数据加工成各职能环节所需要的物流信息。只有得到具有实际使用价值的物流信息，物流管理信息系统才能将其功能发挥出来。同时，信息处理能力也是评价和衡量物流管理信息系统能力的标准之一。

### （五）信息输出

物流信息的输出是物流管理信息系统的最后一项功能，只有实现了这个功能，物流管理信息系统的任务才算完成。为了方便操作人员理解，物流信息的输出必须采用便于人或计算机理解的形式，在输出形式上力求易读易懂、直观醒目。

总之，物流企业通过物流管理信息系统的使用，可以对物流活动中的相关物流信息进行收集、存储、传输、处理、输出，为管理层提供决策的依据，还可以对整个物流活动起到指挥、协调的作用。

## 三、物流管理信息系统的特点

物流管理信息系统具有以下特点（图1-9）。

图1-9　物流管理信息系统的特点

### （一）服务性

服务性指的是物流管理信息系统的目的是辅助物流企业或其他企业的物流部门进行事务处理，并在一定程度上为管理决策提供信息支持，因此它必须具有处理大量物流数据的能力，具备各种分析物流数据的方法，拥有各种算法的工程管理模型。

### （二）集成化

集成化指的是物流管理信息系统将相互连接的各个物流环节联系在一起，为物流企业进行集成化信息处理提供平台。

### （三）适应性

适应性指的是物流管理信息系统必须能够适应环境的变化，应尽量做到当环境发生变化时，不用进行太大的调整就能适应新的环境。

### （四）网络化

网络化指的是物流管理信息系统在设计、使用、运行的过程中广泛应用互联网技术，通过网络将分散在不同地理位置的物流分支机构、供应商、客户等连接起来，形成信息传递、共享的信息网络，从而提高物流活动的运作效率。

### （五）智能化

智能化是物流管理信息系统的发展方向，它通过综合运用大数据处理、人工智能及其他相关技术和方法，为物流业务的运行、管理、决策提供有效支持。

### （六）综合化

综合化指的是物流管理信息系统不仅是技术系统，也是行为系统，它涉及计算机技术、信息技术、物流管理和决策、应用数学、人工智能、大数据处理等相关技术、理论和方法，是综合性非常强的系统。

## 四、物流管理信息系统的构成

物流管理信息系统根据不同企业的需要可以有不同层次、不同程度的应用和不同子系统的划分。如小微企业由于规模小、业务少，使用的可能仅是单机系统或单功能系统，而大型企业可能使用功能强大的多功能系统。虽然不同企业在使用的物流管理信息系统方面存在差异，但是完整、典型的物流信息系统通常均由订单处理系统、采购管理系统、仓储管理系统、运输与配送管理系统、财务管理系统和决策管理系统等子系统构成，如图 1-10 所示。

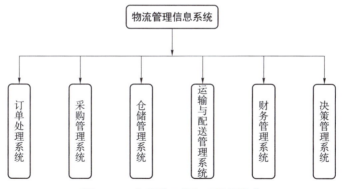

图 1-10 物流管理信息系统的构成

### （一）订单处理系统

在订单处理系统中，物流企业或其他企业的物流部门对客户下达的各种指令进行管理、查询、修改、打印等。它还将业务部门的处理信息反馈至客户的物流管理信息系统。它主要包括订单类型、订单分配、订单处理调度、订单确认、订单打印和订单跟踪查询等内容。

### （二）采购管理系统

在采购管理系统中，物流企业或其他企业的物流部门对所有与采购有关的信息和资料进行处理。它主要包括采购单管理、供应商管理、周期报表管理、采购数据处理等内容。

### （三）仓储管理系统

在仓储管理系统中，物流企业或其他企业的物流部门利用条码、射频识别（Radio Frequency Identification，RFID）等信息化技术对已经出入库的货物实施全面的管理。它主要包括基本信息管理、入库管理、出库管理、库存管理等内容。

### （四）运输与配送管理系统

运输与配送管理系统主要面向物流运输管理，是集运输调度、智能配载、作业执行跟踪、路线管理、车辆与司机管理、计费与结算管理为一体的智能化系统。它主要包括运输计划、配车与运输路线计划、配送与货物跟踪、车辆运作管理、成本管理与控制以及运输信息的查询交换等内容。

### （五）财务管理系统

财务管理系统是管理所有与物流费用相关的信息和资料的系统。它对物流企业或其他企业的物流部门所产生的所有物流费用，包括库存费用、运输费用、行政费用、办公费用等进行计算。

### （六）决策管理系统

决策管理系统能够及时地掌握商流、物流、资金流和信息流所产生的信息并加以科学的利用，在运筹学模型的基础上，它通过数据挖掘工具对历史资料进行多角度、立体的分析，从而实现对物流企业或其他企业的物流部门的人力、物力、财力、客户、市场等各种资源的综合管理，为企业管理、客户服务、市场开发、资金运作提供科学的决策依据，并以此提高管理层决策的准确性和合理性。

## 五、常见物流信息管理软件的功能模块

由于物流管理信息系统综合应用了许多学科的研究成果，所以任何一门相关学科的发展都会相应地影响物流管理信息系统的应用与发展，而且不同行业的物流管理信息系统也会呈现出不同行业特点和发展趋势。为了便于广大中高等职业技术学校教师的教学安排，在常见物流信息管理软件的选择上，本书选择全国职业院校技能大赛中职组现代物流综合作业赛项中使用的现代物流综合作业系统（图1-7）作为常见物流信息管理软件范例。

### （一）基本信息管理模块

在现代物流综合作业系统中，基本信息管理模块主要包含客户信息维护、客户信用管理、资源管理、路由信息维护、异常代码维护等业务功能，如图1-11所示。

### （二）订单管理模块

在现代物流综合作业系统中，订单管理模块中主要包含入库订单、拣选单、出库订单、

加工订单、盘点任务、补货订单、取/送货单等业务功能，如图1-12所示。

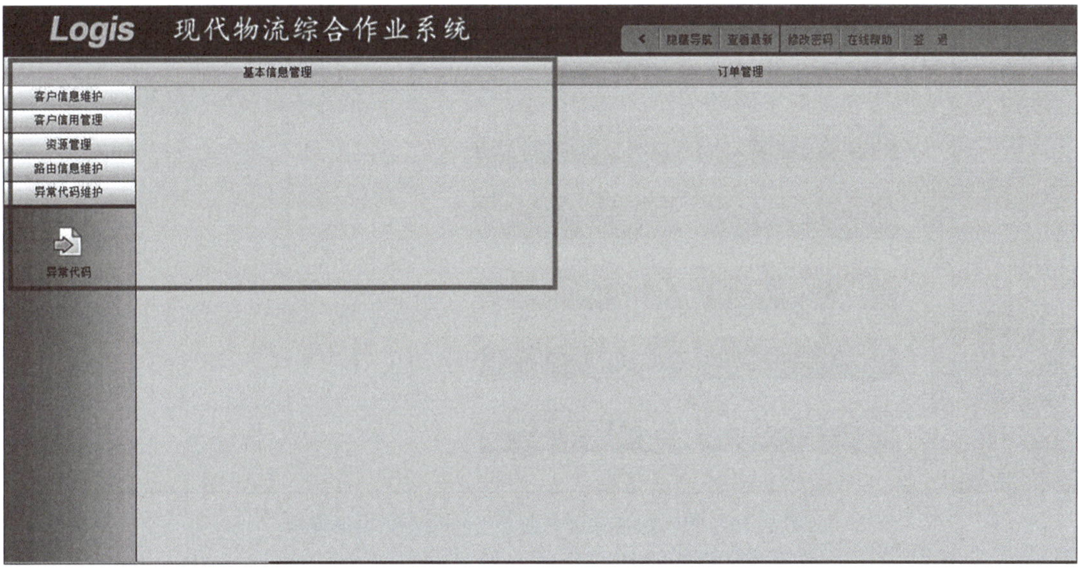

图 1-11  现代物流综合作业系统——基本信息管理模块

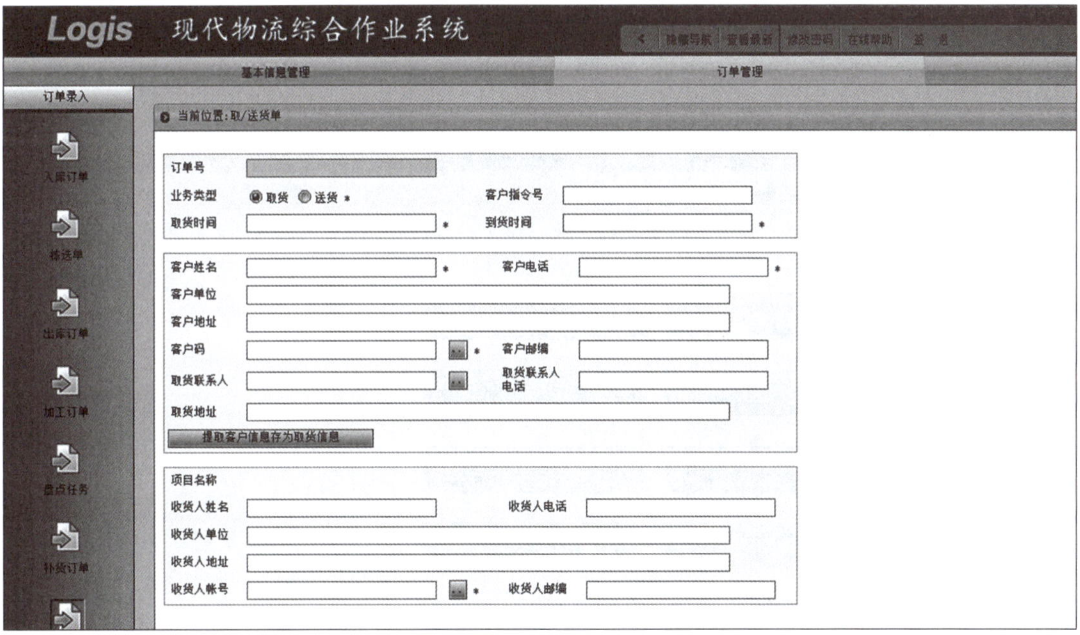

图 1-12  现代物流综合作业系统——订单管理模块

## （三）仓储管理模块

在现代物流综合作业系统中，仓储管理模块中主要包含基础管理、库存管理、配置管理、入库作业、出库作业、流通加工作业、移库作业、补货作业、库存冻结、盘点管理、日终处理、仓储综合查询等业务功能，如图1-13所示。

图1-13　现代物流综合作业系统——仓储管理模块

### （四）运输管理模块

在现代物流综合作业系统中，运输管理模块中主要包含单据打印、取派操作、自提自送、干线发运、干线到达等业务功能，如图1-14所示。

图1-14　现代物流综合作业系统——运输管理模块

**行业资讯**

**二十大代表在基层——马石光：当好奔忙而快乐的"快递小哥"（节选）**

党的二十大代表、圆通速递湖南省长沙市高桥分公司营运部经理马石光从北京回到公司没多久，就开始备战"双十一"购物节。

于是，马石光又像拧上了发条一样忙了起来。

一方面，他想把党的二十大新精神新部署赶紧分享给家乡的同事同行们，一分钟也不愿耽搁；另一方面，"双十一"网购订单压力增长迅猛，他想确保尽快把包裹准确送达，收货、调度、清点、递送，一丁点错都不能出。因此，在这段时间，他两头兼顾、马不停蹄，一分钟恨不得抻成两分钟过。踏踏实实地吃上一口热乎的晚饭，自然也就成了奢望。

又是一个忙碌的夜晚。只见马石光熟练地将电子面单对准"进出港扫描系统"，待"嘀"的一声过后，快递相关信息便被录入系统，根据系统提醒，该快件今天必须送到客户手中。

从业19年，马石光苦干实干巧干，从一名普通快递员成长为企业管理人员，进而光荣地当选为党代表。"使人人都有通过勤奋劳动实现自身发展的机会，这是党的二十大报告的庄严承诺，只要肯拼搏，我们都会是受益人。"

行业大势向好。马石光表示，下一步他要积极推动提升从业人员的综合素质。"数字应用提升了工作效率，自动设备降低了工作强度，快递员有必要，也有时间提升自己的技术素质、服务素质，这也是未来职业升级的需要。"

（资料来源：新华网）

**任务实施**

**任务背景：** 小林是某物流公司仓储部的信息员，他的日常工作主要是负责订单收集、整理、录入。

**任务要求：** 信息员根据任务登入现代物流综合作业系统，完成入库订单处理任务。

**实施步骤如下。**

（1）信息员打开现代物流综合作业系统，输入账号、密码进入系统。

（2）信息员在现代物流综合作业系统中选择"仓储管理"模块，选择"入库订单"→"新增"命令，根据纸质入库通知单完成入库单的录入并将其保存。

（3）信息员在系统内操作：返回列表界面，先单击"生成作业计划"按钮，再单击"确认生成"按钮，将订单提交到作业环节生成入库作业计划。

（4）信息员返回到"仓储管理"模块，单击"入库单打印"按钮，进入单据打印页面，选中要打印的一条信息，单击页面最右侧的选择框，选择打印入库单。

（5）学生分组完成此次任务，讨论在订单录入的过程中如何才能保证数据输入的准确性。请谈谈订单数据的录入在物流管理信息系统中发挥了什么作用。

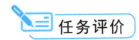 **任务评价**

完成任务评价（表1-3）。

表1-3 任务评价

任务评价得分：

| 序号 | 评价项目 | 分数 | 自我评分 | 教师评分 |
|---|---|---|---|---|
| 1 | 能够准确打开指定的物流管理信息系统，并完成系统登录 | 20 | | |
| 2 | 能够正确选择物流管理信息系统中的功能模块，并完成订单的录入 | 30 | | |
| 3 | 能够准确地生成作业计划并提交任务报告 | 20 | | |
| 4 | 能够正确进入物流管理信息系统，完成指定订单的打印任务 | 20 | | |
| 5 | 充分参与小组的讨论并积极发言 | 10 | | |

注：任务评价得分=自我评分×40%+教师评分×60%。

## 任务三 认识物流信息技术

 任务背景

　　智能物流以信息技术为支撑，在物流的运输、仓储、包装、装卸搬运、流通加工、配送、信息服务等各个环节实现系统感知。智能物流集多种服务功能于一体，展现了现代经济运作特点，即强调信息流与物质流快速、高效、通畅地运转，从而实现降低社会成本、提高生产效率、整合社会资源的目的。

　　在企业的智能物流层面，推广信息技术在物流企业中的应用，集中通过新的传感技术的应用实现智慧仓储，智慧运输，智慧装卸、搬运、包装，智慧配送，智慧供应链等各个环节，从而培育出一批信息化水平高、示范带动作用强的智能物流示范企业。

### 任务目标

**知识目标**

（1）了解物流信息化的含义。

（2）掌握物流信息技术的概念。

（3）掌握常用的物流信息技术及其工作原理。

**能力目标**

（1）能够辨别常见的物流信息技术。

（2）能够根据物流信息技术的特点区分物流信息技术的应用场合。

**素质目标**

（1）树立创新意识，认识到智能物流的发展将推动传统物流行业的发展。

（2）学习物流信息技术，加深对智能物流的理解，培养自主学习的主动性和积极性。

### 知识准备

　　"十四五"规划纲要中明确指出"要打造数字经济新优势，推进产业数字化转型"。数字经济与物流产业融合发展，构建"数字驱动、协同共享"的智能物流新生态是实现"十四五"规划纲要的内生动力。

　　智能物流实现了货物运输过程的自动化运作和高效化管理，提高了物流行业的服务水平，降低了成本，减少了自然资源和市场资源的消耗，具有数据智能化、网络协同化和决策智能化的特征。

## 一、物流信息化的含义

认识物流
信息技术（视频）

物流信息化是指运用现代信息技术分析、控制物流信息，以管理和控制物流、商流和资金流，提高物流运作的自动化程度和物流决策的水平，达到合理配置物流资源、降低物流成本、提高物流服务水平的目的。

物流信息化是物流企业和社会物流系统核心竞争能力的重要组成部分，是电子商务的必然要求。物流信息化主要表现为物流信息收集的代码化、物流信息处理的电子化、物流信息传递的标准化和实时化、物流信息存储的数字化等（图1-15）。物流信息化可以实现信息共享，使信息的传递更加方便、快捷、准确、从而提高整个物流系统的经济效益。

图1-15 物流信息化的主要表现

## 二、物流信息化的意义

当前，随着经济全球化的深入发展，新一轮信息技术变革正在兴起，工业化、信息化、城镇化、农业现代化日益深入发展，经济结构转型加快，为我国物流信息化发展带来新的机遇和动力。物流是贯穿经济发展和社会生活全局的重要活动。信息化正在全面渗透和融合到物流活动中，成为现代物流最重要的核心特征和时代特征。因此，推动物流信息化发展对促进现代物流的科学发展和加快转变经济发展方式具有重要意义，具体有以下几点。

（1）物流信息化有利于加快物流运作和管理方式的转变，提高物流运作效率和产业链协同效率，促进供应链一体化进程。

（2）物流信息化有利于解决物流领域信息沟通不畅、市场响应速度慢、专业水平低、规模效益差和成本高等问题，从而提高企业和产业国际竞争力。

（3）物流信息化有利于实现资源的有效配置，提高节能减排水平，减轻资源和环境压力，促进绿色物流的发展。

（4）物流信息化有利于支撑现代物流和电子商务等现代服务业的发展，促进产业结构的调整，加速新型工业化进程。

## 三、物流信息技术的概念

物流信息技术（Logistics Information Technology）是指在现代信息技术在物流各个作业环节中的应用，包括计算机网络、信息分类编码、自动识别、电子数据交换、GPS、地理信息系统（Geographical Information System，GIS）等技术。

物流信息化水平是现代物流区别于传统物流的根本标志。通过物流信息技术的应用，把物流活动的各环节综合起来作为整体进行管理，能够有效提高物流的效率。现代物流的发展依赖信息技术的提升，信息技术的应用对现代物流的发展有着巨大的推动作用。

## 四、常用物流信息技术的工作原理

现代物流涉及社会的诸多活动，其中运用了各种信息技术，下面分别介绍。

### （一）条码技术

#### 1. 条码技术简介

条码技术诞生于 20 世纪 40 年代，它是在计算机的应用实践中产生和发展起来的一种自动识别技术。该技术提供了一种对物流中的货物进行标识和描述的方法。

条码是实现 POS 系统、电子数据交换、电子商务、供应链管理的技术基础，是物流管理现代化、提高企业管理水平和竞争能力的重要技术手段。

#### 2. 条码技术的应用

条码技术因具有输入速度快、可靠准确、成本低、信息量大等特点，在世界各国已经得到了广泛的使用，从使用的领域来看，条码技术的应用主要集中在商品流通管理、客户管理、供应商管理、员工管理等诸多领域。其中在商品流通领域使用尤其广泛，就批发、仓储运输部门而言，通过条码技术使商品分类、运输、查找、核对汇总迅速、准确，能帮助企业缩短商品流通和库内停留时间，减少商品损耗。同时，在商品包装上使用符合国际规范的条码能够使商品在世界范围内销售，从而进一步促进国际贸易的发展。

### （二）射频识别技术

#### 1. 射频识别技术简介

射频识别技术是通过射频信号识别目标对象并获取相关数据信息的一种非接触式的自动识别技术。射频识别技术是一种无线通信技术，可通过无线电信号识别特定目标并读写相关数据，而不用在识别系统与特定目标之间建立机械或者光学接触。

随着网络通信技术的普及，射频识别技术由于具有非接触、快速扫描、体积小、可重复使用等优点在物流领域得到了广泛应用，使整个物流供应链管理实现了透明化。

#### 2. 射频识别技术的应用

射频识别技术在很多领域都有应用，比如身份证件、门禁系统、供应链和库存跟踪、高速公路 ETC 收费、畜牧养殖跟踪管理等。在物流领域通常在物料跟踪、运输工具、仓储定位管理等要求非接触数据采集和交换的场所使用射频识别技术。在物流运输环节使用射频识别技术后，只需要在货物外包装上加贴电子标签，并在运输检查站或者中转站设置阅读器，就可以实现货物的可视化管理，从而提高物流企业的服务水平。

### （三）电子数据交换技术

#### 1. 电子数据交换技术简介

电子数据交换是指采用标准化的格式，利用计算机网络进行业务数据的传输和处理。应用在物流领域的电子数据交换被称为物流 EDI，它是指通过电子数据交换系统在货主、承运人及其他相关参与者之间进行物流数据交换，并以此为基础开展物流活动。物流 EDI 处理的基本流程如图 1-16 所示。

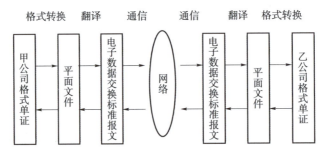

**图 1-16　物流 EDI 处理用的基本流程**

#### 2. 电子数据交换技术的应用

电子数据交换技术具有高速、精确、远程和巨量的特点，因此它的应用领域非常广泛，涵盖工业、商业、外贸、金融、医疗保险等。物流 EDI 系统可以应用于零售商、批发商、制造商、配送中心、物流运输企业等。其主要功能是提供报文转换。

物流 EDI 的应用可以促进供应链组成各方建立基于标准化的信息格式和处理方法，可以节约时间和资金、提高工作效率和竞争力、改善客户服务质量、消除纸面作业和重复劳动、降低物流成本。

### （四）全球卫星导航系统

#### 1. 全球卫星导航系统简介

全球卫星导航系统（Global Navigation Satellite System，GNSS）是利用人造地球卫星，在全球范围内进行实时定位、导航的系统。目前全球有四大卫星导航定位系统，它包括中国的北斗卫星导航系统（BDS）、美国的 GPS、欧洲的伽利略系统（Galileo）和俄罗斯的格洛纳斯系统（Glonasa）。

北斗卫星导航系统是中国着眼于国家安全和经济社会发展需要，自主建设运行的全球卫星导航系统，是为全球用户提供全天候、全天时、高精度的定位、导航和授时服务的国家重要时空基础设施。北斗卫星导航系统由空间段、地面段和用户段三部分组成。北斗卫星导航系统标识如图 1-17 所示。

### 2. 全球卫星导航系统的应用

全球卫星导航系统具有定位精度高、覆盖范围广、操作简便、可全球全天候作业等优点，因此它在交通运输、农林渔业、水文监测、气象测报、通信授时、电力调度、救灾减灾、公共安全等领域得到广泛应用，特别是陆地交通运输是当前最大的应用领域。在物流行业，全球卫星导航系统的使用有效实现了对车辆的跟踪、调度、管理、监视，降低了物流企业的管理成本，增加了物流企业的市场竞争力，从而进一步推动了物流管理方法、物流技术、物流科技的进步。

图 1-17　北斗卫星导航系统标识

### （五）地理信息系统

#### 1. 地理信息系统简介

地理信息系统是由计算机软/硬件环境、地理空间数据、系统维护和使用人员四部分组成的空间信息系统，可对整个或部分地球表层（包括大气层）空间中的有关地理分布数据进行采集、存储、管理、运算、分析显示和描述。地理信息系统以数字的方式把地理事物的空间数据和属性数据存储在计算机中，再利用计算机图形技术、数据库技术，以及各种数学方法进行管理、查询、分析和应用，输出各种地图和地理数据，为各行业提供规划、管理、研究、决策等方面的解决方案。

#### 2. 地理信息系统的应用

在科技发达的现代社会，人们对信息的时效性、准确性、广泛性和实用性都有了更高的要求，地理信息系统作为全球信息化的一个重要组成部分，正日益受得到各领域的广泛关注和使用。目前地理信息系统在物流方面的应用主要通过它在智能运输中的应用体现出来，即利用地理信息系统强大的地理数据处理分析能力来完善物流配送，加强对物流配送过程的监控和管理，从而实现高效、高品质的物流服务。

---

**知识链接**

#### 我国首次运用北斗卫星定位技术实现集装箱码头自动化

2021 年 1 月 17 日上午，天津港集装箱码头自动化驾驶示范区内，一排排无人驾驶电动集装箱卡车有序地经过自动加解锁站，停靠到预定地点，自动化岸桥再从电动集装箱卡车上抓取集装箱，使其稳稳地落在货轮上。交通运输部水运局相关负责人表示，这标志着我国首次运用北斗卫星定位技术实现集装箱码头自动化。

天津港在率先实现单体集装箱码头全堆场轨道桥自动化升级改造之后，拓展应用北斗卫星定位技术，用时不到 1 年便实现了对传统集装箱码头的全流程自动化改造。改造后的集装箱码头整体作业效率提升近 20%，单箱能耗下降 20%，综合运营成本下降 10%。

近年来，我国交通运输行业持续扩大北斗卫星导航系统应用规模。截至目前，全国有超过 698 万辆道路营运车辆安装使用北斗卫星导航系统，超过 1 300 艘公务船舶安装使用北斗卫星导航系统，并在首架运输航空器上安装使用北斗卫星导航系统，实现了零突破。以港口作业系统应用为例，天津港集装箱码头有限公司技术工程部经理彭晓光介绍，北斗卫星导航系统 24 小时的国土覆盖能力，是保障无人驾驶电动集装箱卡车 24 小时不间断作业的基础；对国土区域的高精度定位支持，则是保障无人驾驶电动集装箱卡车定位精度的基础。

从 2020 年以来，面对新冠疫情带来的危机和压力，天津港全面发力建设新基建，运用北斗卫星导航系统、自主研发的无人驾驶电动集装箱卡车在港口实现最大规模应用。在科技赋能下，天津港集装箱吞吐量持续数月保持正增长态势，去年全年集装箱吞吐量突破 1 835 万标准箱，同比增长 6.1%。未来，天津港集团将打造创新联合体，牢牢掌握核心科技，加快数字化发展，为世界智慧港口建设提供更多可复制、可推广的有益经验。

（资料来源：中国物流与采购联合会）

## 📝 任务实施

**任务背景**：小林是某物流公司仓储部的信息员，他的日常工作主要是负责订单的收集、整理、录入。

**任务要求**：信息员根据给定的商品条码，完成条码详细信息的查询，并填制实训报告。

**任务内容**：请查询相关商品条码信息，填写表 1-4。

表 1-4　商品条码信息

| 商品条码 | 商品名称 | 规格型号 | 商标 | 生产厂家 | 条码状态 |
|---|---|---|---|---|---|
| 6972361270429 | | | | | |
| 6901236345436 | | | | | |
| 6921734939302 | | | | | |
| 6935205327604 | | | | | |
| 6927436301355 | | | | | |
| 6970540781859 | | | | | |

**实施步骤如下。**

（1）信息员打开中国物品编码中心网站（http：//www.ancc.org.cn）。

（2）选择菜单栏中的"条码查询"→"境内条码信息查询"命令。

（3）在"境内条码信息公告查询"页面选择"查询产品信息"选项卡并输入商品条码。

（4）将查询到的商品条码信息填入相应的表格。

（5）学生分组完成任务，并讨论在查询的过程是否遇到了困难，以及在遇到困难时是如何克服的。

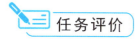 **任务评价**

完成任务评价（表1-5）。

表1-5 任务评价

任务评价得分：

| 序号 | 评价项目 | 分数 | 自我评分 | 教师评分 |
|---|---|---|---|---|
| 1 | 能够准确打开中国物品编码中心网站 | 20 | | |
| 2 | 能够正确选择菜单栏中的"条码查询"→"境内条码信息查询"命令 | 20 | | |
| 3 | 能够准确输入商品条码信息 | 20 | | |
| 4 | 能够将查询到的商品条码信息填入相应的表格 | 20 | | |
| 5 | 充分参与小组的讨论并积极发言 | 20 | | |

注：任务评价得分=自我评分×40%+教师评分×60%。

## 任务四　认识物流与信息技术的联系

### 任务背景

2021 年 5 月 20 日，京东 "618" 促销活动正式开启。京东物流发布京东 "618" 物流运营举措，超过 90% 的订单将实现当日达，以让消费者体验到分钟级收货的全新体验。在这背后，是京东物流充分发挥一体化供应链强大势能与智能科技创新发展共同作用的结果。

2021 年，京东将有 1 000 多个仓库、超过 2 100 万平方米的仓储设施全力保障 "618" 促销活动高效运行。此外，32 座亚洲一号智能物流中心也将再创新纪录，亚洲电商物流领域最大智能仓群规模进一步扩大。在京东 "618" 服务中，智能存储、智能搬运、智能分拣和智能拣选等机器人产品的全面运用，5G、大数据、云计算等技术的加持，极大提升了物流的运营周转效率，这也是京东物流从容面对亿级订单的底气（图 1-18）。

**图 1-18　京东物流的亚洲一号智能物流中心**

此外，京东物流科技打造的数字化供应链平台型产品——京慧将在京东 "618" 期间提供系统性服务，完整覆盖客户的 "大促" 前的销售预测、"大促" 中的实时数据可视化，以及 "大促" 后的经营分析，为企业提供大数据、网络优化、智能预测、智能补调，以及智能执行等一体化服务，帮助企业通过量化决策和精细化运营实现 "大促" 期间的降本增效。

在这些高科技产品及手段的全面助力之下，在 2021 年一季度，京东自营数百万 SKU（库存单位）的库存周转天数减少至 31.2 天，成为全球物流科技创新的最佳案例。京东物流在江苏常熟打造的全球首个 "智能配送城" 也将首次全面参与京东 "618"，解放快递员的双手，大幅提升配送订单数量。快递小哥通过与智能快递车组成 "人机 CP"，在 "大促" 期间每天可完成的配送订单数量是原来的 1.5 倍以上，为居民提供了便捷的服务体验和多元的收货选择。

从园区、仓储、分拣，到运输、配送的每一个环节，都可以看到智能产品的身影，京东物流借助领先的技术，全面提升了物流系统的预测、决策和智能执行能力。以技术和开放链接数字经济和实体经济，京东物流将打造产业、行业、商家共享消费红利的数智化供应链，让商家们不惧"618"等各种"大促"活动，同时能让消费者享受极速收货体验。

（资料来源：第一物流网）

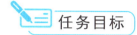

### 任务目标

**知识目标**

（1）了解物流与信息技术的联系。

（2）理解物流信息技术对传统物流行业的促进作用。

**能力目标**

（1）能够辨别常见物流活动所应用的物流信息技术。

（2）能够根据物流信息技术的特点，为企业选择合适的物流信息技术。

**素质目标**

（1）树立发展观念，培养科学发展观，致力于推动物流行业的发展。

（2）通过学习加深对现代物流的理解，培养自主学习的主动性和积极性。

### 知识准备

物流产业是我国国民经济的重要组成部分。进入21世纪后，随着经济全球化的不断加速和科学技术的迅速发展，现代企业面临的竞争异常激烈。在这样的全球化背景下，物流作为"第三利润源"，逐步成为提升企业竞争力的重要因素之一。物流信息传递的准确性是物流活动顺利进行的基础，而物流信息技术应用于物流的各作业环节，不仅可以提升企业和整个物流行业信息传递的有效性，也可以提高物流运营的效率，实现物资资源的优化配置，从而提高企业乃至社会的利益。

## 一、物流与信息技术的联系

物流这个概念最早在美国形成，当初被称作 Physical Distribution（PD），译为"实物分配"或"货物配送"。中国在20世纪70年代末从日本引进物流的概念。当时物流被理解为"在生产和消费间对物资履行保管、运输、装卸、包装、加工等功能，以及作为控制这类功能后援的信息功能，它在物资销售中起桥梁作用"。随着经济社会的不断发展，物流的内涵不断丰富和完善，由最初的储存、运输功能扩展到现在的储存、运输、装卸、搬运、包装、流通加工、配送、信息处理等功能。

认识物流与信息技术的联系（视频）

《物流术语》（GB/T 18354—2021）中对物流的解释是：物流是指物品从供应地到接收地的实体流动过程。根据实际需要，将储存、运输、装卸、搬运、包装、流通加工、配送和信息处理等基本功能实施有机结合。现代物流已经不仅限于实体流动，还涉及各种服务流通领域。网络上兴起的"618""双十一"等网络购物节，让消费者充分体会到现代物流的重要性。现代物流已经与人们的日常生活密切相关。对于整个社会而言，如果把社会生产等活动看成支撑社会发展的骨骼、肌肉等组织器官，那么物流则为这些组织器官供应血液和营养。没有现代物流的支撑，现代化生产将"有气无力"。现代物流的组成如图1-19所示。

图1-19 现代物流的组成

既然现代物流如此重要，那么现代物流与传统物流区别是什么呢？从某些角度来看，传统物流和信息技术的结合才是现代物流。信息技术作为现代工业革命的主导动力，它的诞生与发展直接推进了各行业的跨越式进步，物流行业也从中受益。现代物流强调系统整体优化，即以信息技术为基础，对物流系统内的储存、运输、装卸、搬运、包装、流通加工、配送等各个子系统之间进行优化整合。

物流行业中应用的条码技术、射频识别技术、电子数据交换技术、地理信息系统技术等信息技术提高了物流信息传递的有效性。信息技术的应用推动了现代物流的发展。信息技术的大量运用为传统物流企业提供了一种新的发展思路，为这些企业在新经济中生存和发展提供了机会。这种新型的以信息为导向、以电子技术为手段的现代物流管理模式符合现代物流的发展趋势，使传统物流企业的经营观念转变为以客户需求为中心，通过准时化、自动化生产不断谋求成本节约、物流服务价值增值的现代经营管理理念。因此可以说，在企业物流管理中有效地运用信息技术将成为物流行业发展的驱动力。

## 二、智能物流信息技术对传统物流行业的促进

物流信息是现代物流活动的关键，没有物流信息，物流活动将无法开展。物流信息对物流活动不仅具有保障支持作用，还具有衔接、整合物流活动并推动其高效运作的作用。由于物流信息在物流活动中的地位及作用，智能物流信息管理系统在现代企业管理中的战略位置越来越重要。建立现代化的智能物流信息管理系统，提供准确、及时、有效的物流信息，能够大幅提升企业的竞争力。智能物流信息技术对传统物流行业的促进作用主要体现在以下几方面。

### （一）有助于增强物流业务运作的及时性和有效性

在物流活动中，物流信息量大，传递环节多。物流信息的突出特点就是及时性和动态变化性。物流企业要想提高物流业务运作的效率，提升自身的企业竞争力和品牌价值，就必须对物流业务运作全过程的动态信息进行及时、准确的传递，实时了解物流业务运作各环节的活动状况，及时解决物流活动中出现的突发问题。智能物流信息技术的有效性和全面性能够覆盖物流活动的全过程，确保物流企业的管理者和调配者及时关注物流业务的运作情况，掌握供应方、需求方的准确信息，合理调配、优化物流业务运作过程，为目标客户提供高效、优质的物流服务。

## （二）有助于降低物流成本

对于物流企业，如何对物流资源进行优化配置，以及如何实施管理和决策，用最低的成本带来最大的效益，是需要考虑的重点问题。物流的信息化能够帮助管理层运用大数据分析等科学的预测方法，高效地使用运输资源，规划运输工具和运输路线，拟定工作计划，安排工作人员，确定库存数量，预测需求和成本预测等，从而降低物流成本。

## （三）有助于企业开展全面物流管理，提高竞争力

物流信息化的对象包括物资采购、销售、储存、运输等物流过程的各种决策（如物资采购计划、销售计划、运输车辆的选择、供应商的选择、运输路线规划等的决策），智能物流信息技术充分利用计算机信息系统的汇总、分析等功能，对现有数据进行分析，并在对比的基础上为管理决策提供支持，进而提高企业的竞争力。

# 三、我国物流信息化的发展趋势

## （一）政府主动推动物流信息化的发展

2021年3月12日，《国民经济和社会发展第十四个五年规划和2035年远景目标纲要》正式发布。该规划作为指导今后5年及15年国民经济和社会发展的纲领性文件，明确指出要建设现代物流体系，为物流行业高质量发展指明了方向。该规划中有15处提到"流通"，有20处提到"物流"，有13处提到"供应链"，这也是中国历史上五年规划中首次如此高频地部署物流与供应链。该规划对物流发展、供应链创新高度重视，提出要"强化流通体系支撑作用""提升产业链供应链现代化水平""深化流通体制改革""建设现代物流体系"等。此外，该规划在制造业优化升级、产业数字化、企业数智化等方面提出的任务，也将进一步推动物流信息化的高速发展。

## （二）物流信息技术的发展和应用进一步加快

未来，在自动识别、电子标签、无人驾驶、智能交通、人工智能等技术的加持下，仓储、运输、配送都能实现智能化，实现智能网络布局、智能仓储管理、智能运输线路规划、智能终端配送规划等，以确保整个物流网络能够高效、有序运转。

## （三）物联网技术在物流行业中的应用更加广泛

物联网通常是指将各种信息传感设备如无线传感器节点（WSN）、射频识别装置、红外感应器、移动手机、掌上电脑（PDA）、GPS、激光扫描器等与互联网结合而形成的巨大网络。在物联网中，物品之间在无人干预情况下能够彼此进行"交流"。

5G技术的不断发展以及物联网体系架构的形成，加快了物联网技术在物流行业中的运用。物联网具有智能感知、快稳传送、智慧处理等特征，可实现任何物体间随时、随

地的完美连接，而 5G 技术将改善物联网的运作效率，从而提高整个物流行业的信息传递速率。

### （四）物流公共信息平台的发展步伐加快

物流公共信息平台在融合先进信息技术的同时，强调"整合""共享"和"服务"的思想，即在资源充分整合的基础上，通过信息共享的手段，最终实现为物流全流程服务的根本目标。物流公共信息平台这一概念之所以能够引起国家和全行业的重视，是由社会经济以及物流行业的发展趋势决定的。目前，我国物流公共信息平台有国家交通运输物流公共信息平台等，如图 1-20 所示。

**图 1-20　国家交通运输物流公共信息平台**

从社会经济发展趋势的层面来看，我国已经进入全面的网络化时代，互联网技术深刻地改变着社会的运行规律，从电子支付到网上购物，社会经济生活的各方面都已经离不开网络这个大平台。传统的物流行业在这样的社会经济发展大趋势面前，必须引进先进的信息技术来更新自身的血液，建立物流公共信息平台这样的体系，全面提升全行业运转水平，向物流信息化及网络化发展。从物流企业管理的层面来看，物流信息化已然成为促进物流企业进步的驱动力。在物流管理过程中，信息的及时、准确收集和交换是关键。通过物流过程的信息化，管理者可以及时获取重要信息，实现对整个物流过程的管控，全面提高物流管理的效率和水平。同时，在物流企业自身的管理过程中，物流信息化也起着越来越重要的作用。物流企业通过信息化建设，能够做到准确迅速地获取信息和顺畅、快捷地交流，保证及时、有效地分析和处理相关数据，应对风险，提高调度效率，对企业资源进行优化配置和整合，促进企业进步。从交通运输管理部门的层面来看，交通运输管理部门可以通过国家交通运输物流公共信息平台加强对道路交通运营的管理和调度，从而提高运营管理服务水平。

## 知识链接

### 深圳空港航空物流公共信息平台投入使用

往日奔前跑后的货代和报关员，在计算机前通过深圳空港航空物流公共信息平台就可以查询当日的货物通关状态。2015年，中国（深圳）国际贸易单一窗口航空物流公共信息平台投入使用，在深圳机场通关的国际物流企业可通过该平台实现通关和物流协同，提高物流作业效率，进一步促进航空物流全链条信息集成，加强各类市场主体之间的信息互通。

深圳海关有关负责人告诉记者，深圳空港航空物流公共信息平台可对接货站、航司、货代、报关行不同主体的系统，将通关和物流领域上、下游单证连接起来，打破信息孤岛，实现信息互连互通，一次对接，多次运用，有效降低企业成本，现场跑腿次数预计可由4次减至1次。"航司、货站等主体通过该平台可实现免费数据交换传输服务、线上办理批量导入的报关单等各类通关单证、查询每票货全链条重要环节状态，以及办理查验预约和提醒等功能，大幅提高了现场作业效率。"深圳空港航空物流公共信息平台的通关智能化程度更高，为空港企业营造更好的营商环境。

"节点查询、查验预约、业务办理等通关业务都可以在该平台上操作，不用再来回拿着纸质材料穿行在海关、货站、安检等各个业务前台。"深圳市美邦汇通报关有限公司欧阳女士告诉记者，只要完成运单绑定，便可在该平台上快速清晰地查到货物"通关+物流"的全流程状态。"这个平台将整个通关和物流环节集中起来，功能强大、操作简单、方便实用。"

（资料来源：《深圳特区报》）

## 素养提升

### 物流从业人员的职业素养

物流从业人员的职业素养是指物流从业人员需要具备的基本素养，主要包括职业技能素养和职业道德素养。其中，职业技能素养包括通用能力素养和专业能力素养。通用能力素养是一个现代职业人士需要掌握的基本能力，如计算机应用能力、外语应用能力以及法律应用能力等。专业能力素养是指物流从业人员经过学习和训练所形成的操作技巧和思维活动能力，包括物流规划能力、运输控制能力、库存管理能力、报关报检能力、国际货代能力、物流客服能力等。职业道德素养是指物流从业人员在职业活动中应该遵循的行为准则，如爱岗敬业、忠于职守；勤学苦练、钻研业务；诚实礼貌、服务周到；团结协作、讲求效率等。

## ✏️ 任务实施

**任务名称：** 物流企业信息化现状调研。

**任务要求：** 走访2~3家当地知名物流企业，记录被调研物流企业的规模、使用物流信息技术或物流管理信息系统的情况，撰写《物流企业信息化现状调研报告》，并将调研报告制作成PPT演示文稿分享。

**实施步骤如下。**

（1）确定调研内容。围绕物流企业信息化建设、当地物流企业信息化现状、物流信息技术在物流企业中的应用开展此次调研。

（2）制订调研计划。围绕调研目标，明确调研主题，确定调研的对象、时间、地点和方式，并确定要收集的相关资料。

（3）以小组为单位开展调研。根据班级情况，每组有5~6人，设一名组长，做好调研工具（笔记本、笔、相机或录音笔）准备工作。在调研前，应做好被调研物流企业的背景资料收集和知识的准备工作。

（4）开展调研，做好现场的调研访谈和参观。

（5）整理收集到的资料，完成调研报告的撰写和PPT演示文稿的制作。

**相关网站资料如下。**

（1）中国物流信息中心（http：//www.clic.org.cn/）。

（2）中国物流与采购联合会（http：//www.chinawuliu.com.cn/）。

（3）第一物流网（http：//www.cn156.com/）。

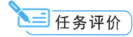 **任务评价**

完成任务评价（表1-6）。

表1-6　任务评价

任务评价得分：

| 序号 | 评价项目 | 分数 | 自我评分 | 教师评分 |
|---|---|---|---|---|
| 1 | 能够准确确定调研内容 | 20 | | |
| 2 | 能够正确制订调研计划 | 20 | | |
| 3 | 能够做好调研前准备工作 | 20 | | |
| 4 | 能够正确开展调研 | 20 | | |
| 5 | 充分参与小组的讨论并积极发言，充分参与调研报告的撰写和演示文稿的制作 | 20 | | |

注：任务评价得分=自我评分×40%+教师评分×60%。

 **巩固提高**

**一、单选题**

1. 在物流领域，物流信息在实现其使用价值的同时，其自身的价值又呈现出增长趋势，即物流信息本身具有（　　）特征。

　　A. 增值　　　　　　B. 沟通交流　　　　　　C. 管理控制　　　　　D. 辅助决策

2. 物流信息包括仓储信息、运输信息、加工信息、包装信息、装卸信息等，这是按（　　）分类的结果。

A. 作用层次　　　　　　　　　　B. 功能

C. 环节　　　　　　　　　　　　D. 加工程度

3. 以下不属于物流信息发展趋势的是（　　）。

A. 大数据技术应用更加深入　　　　B. 物流云是构建物流新生态的基础

C. 区块链技术应用更加广泛　　　　D. 人工智能技术必将取代所有人工操作

4. 作为决策分析的延伸，物流战略计划涉及物流活动的长期发展方向和经营方针的制订，这是物流信息的（　　）作用。

A. 增值　　　　　　　　　　　　B. 支持战略计划

C. 管理控制　　　　　　　　　　D. 辅助决策

5.（　　）不是物流管理信息系统的基本功能。

A. 信息的绘制　　　　　　　　　B. 信息的传输

C. 数据的收集　　　　　　　　　D. 数据的录入

6. 在物流管理信息系统中，（　　）是其他功能发挥作用的前提和基础。

A. 信息的传输　　　　　　　　　B. 数据的收集与输入

C. 信息的处理　　　　　　　　　D. 信息的存储

7.（　　）指的是物流管理信息系统在设计、使用、运行的过程中广泛应用互联网技术，通过网络将分散在不同地理位置的物流分支机构、供应商、客户等连接起来，形成一个让信息可以传递、共享的网络，以提高物流活动的运作效率。

A. 集成化　　　　B. 智能化　　　　C. 信息化　　　　D. 网络化

8.（　　）指的是物流管理信息系统不仅是技术系统，也是行为系统，它涉及计算机技术、信息技术、物流管理决策、应用数学、人工智能、大数据处理等相关技术、理论和方法，是一个综合性非常强的系统。

A. 信息化　　　　B. 智能化　　　　C. 综合化　　　　D. 网络化

9.（　　）指的是运用现代信息技术分析、控制物流信息，以管理和控制物流、商流和资金流，提高物流运作的自动化程度和物流决策的水平，达到合理配置物流资源、降低物流成本、提高物流服务水平的目的。

A. 物流自动化　　　　　　　　　B. 物流信息化

C. 物流集成化　　　　　　　　　D. 物流社会化

10. 北斗卫星导航系统是中国自主研发的，其英文首字母缩写是（　　）。

A. EDI　　　　　　B. GIS　　　　　　C. GPS　　　　　　D. BDS

11.（　　）是实现 POS 系统、电子数据交换、电子商务、供应链管理的技术基础，是实现物流管理现代化、提高企业管理水平和竞争能力的重要技术手段。

A. 条码　　　　　　B. 计算机　　　　C. 科技　　　　　D. 网络

12.（　　）是通过射频信号识别目标对象并获取相关数据信息的一种非接触式的自动识别技术。

A. 全球卫星定位技术　　　　　　B. 电子数据交换技术

C. 射频识别技术　　　　　　　　D. 条码技术

13. 在《物流术语》（GB/T 18354—2021）中，对物流的解释是：物流是指物品从供应地到接收地的（　　）过程。

A. 实体流动　　　　　　　　　　B. 虚拟流动

C. 信息流动　　　　　　　　　　D. 虚实结合

14. 下列属于物联网中信息传感设备的是（　　）。

A. 条码　　　　　B. 货架　　　　　C. 激光扫描器　　　　D. 叉车

15. （　　）是物流活动的关键，若没有它，物流活动将无法开展。

A. 物流设备　　　　B. 物流信息　　　　C. 物流管理人员　　　　D. 运输车辆

## 二、多选题

1. 以下属于物流信息形式的有（　　）。

A. 知识　　　　　B. 情报　　　　　C. 图像　　　　　D. 声音

2. 以下属于物流信息特点的有（　　）。

A. 量大、分布广、种类多　　　　　B. 动态性特别强

C. 种类多　　　　　　　　　　　　D. 具有较高的时效性

3. 物流信息管理是对物流信息进行采集、处理、分析、应用、存储和传播的过程，也是使物流信息（　　）的过程。

A. 从分散到集中　　　　　　　　B. 从无序到有序

C. 从集中到分散　　　　　　　　D. 从有序到无序

4. 物流管理信息系统的基本功能包括（　　）。

A. 数据的收集与输入　　　　　　B. 信息的存储

C. 信息的传输　　　　　　　　　D. 信息的处理和输出

5. 以下属于物流管理信息系统的特点的有（　　）。

A. 统一格式化　　　　B. 集成化　　　　C. 网络化　　　　D. 服务性

6. 企业通过物流管理信息系统，可以对物流活动中的相关信息进行收集、存储、传输、处理、输出，可以（　　）。

A. 为企业管理层提供决策的依据

B. 对合作企业进行监督

C. 对整个物流活动起到指挥协调的作用

D. 使所有信息公开透明

7. 北斗卫星导航系统由（　　）三部分组成。

A. 空间段　　　　B. 地面段　　　　C. 用户段　　　　D. 接收段

8. 以下属于电子数据交换技术的优点的有（　　）。

A. 高速　　　　　B. 精确　　　　　C. 远程　　　　　D. 巨量

9. 全球卫星导航系统的优点包括（　　）。

A. 定位精度高　　　　　　　　　B. 覆盖范围广

C. 操作简便　　　　　　　　　　D. 可全球全天候作业

10. 在《物流术语》（GB/T 18354）中对物流的解释中，属于物流功能的有（　　）。

A. 运输和储存　　　　　　　　　B. 装卸和搬运

C. 包装和流通加工　　　　　　　D. 配送和信息处理

11. 现代信息技术的应用推动了现代物流的发展，以下属于现代信息技术的有（　　）。

A. 电子数据交换　　B. 地理信息系统　　C. 射频识别　　　　D. 堆码

12. 物联网所使用到的信息传感设备有（　　）。

A. 仓库　　　　　　　　　　　　　　B. 红外感应器

C. 射频识别装置　　　　　　　　　　D. 激光扫描器

### 三、判断题

1. 物流的首要目的是使成本最低。（　　）

2. 通过移动通信、计算机网络、电子数据交换、GPS 等技术实现物流活动的电子化，实现物流运行、服务质量和成本等的管理控制，这体现了物流信息的引导和协调作用。（　　）

3. 大数据技术应用更加深入是物流信息化的发展趋势之一。（　　）

4. 物流信息可分为基础信息、作业信息、协调控制信息和决策支持信息，这是按照作用层次划分的。（　　）

5. 物流管理信息系统是一门独立的学科，因此，任何一门相关学科的发展都不会影响物流信息系统的应用与发展。（　　）

6. 物流管理信息系统是由计算机软/硬件、网络通信设备及其他办公设备组成的，在物流作业、管理、决策方面对相关信息进行收集、存储、处理、输出和维护的人机交互系统。（　　）

7. 物流管理信息系统的应用是未来整个物流行业的发展趋势。（　　）

8. 虽然不同企业所使用的物流管理信息系统存在着差异，但是完整、典型的物流管理信息系统通常由订单处理系统、采购管理系统、仓储管理系统、运输与配送管理系统、财务管理系统和决策管理系统等功能模块构成。（　　）

9. 电子数据交换技术具有高速、精确、远程和巨量的特点，应用领域非常广泛，涵盖工业、商业、外贸、金融、医疗保险等。（　　）

10. 物流信息化是现代物流区别于传统物流的根本标志。（　　）

11. 使用电子数据交换技术可以帮助物流企业完善物流配送，加强对物流配送过程的监控和管理，实现高效、高品质的物流服务。（　　）

12. 射频识别技术在很多领域都有应用，如身份证件、门禁系统、供应链和库存跟踪、高速公路 ETC 收费、畜牧养殖跟踪管理等。在物流领域通常在物料跟踪、运输工具、仓储定位管理等要求非接触数据采集和交换的场所使用射频识别技术。（　　）

13. 物流公共信息平台在融合先进信息技术的同时，强调"整合""共享"和"服务"的思想，其在资源充分整合的基础上，通过信息共享的手段，最终实现为物流全流程服务的根本目标。（　　）

14. 我国物流信息化的发展趋势是政府会减少对物流的投入，鼓励物流企业独立发展。（　　）

15. 建立物流信息管理系统，提供准确、及时、有效的物流信息能够大幅提升企业的竞争力。（　　）

16. 随着 5G 信息通信技术的不断发展，以及物联网体系架构的形成，物联网技术在物流行业中的运用将弱化。（　　）

**四、简单题**

1. 简述物流信息的主要特点和作用。

2. 简述物流信息的发展趋势。

3. 简述信息技术对物流行业发展的影响。

4. 简述物流管理信息系统的概念。

5. 简述物流管理信息系统的功能与特点。

6. 简述物流管理信息系统的构成。

7. 简述常见物流信息管理软件的功能与业务模块。

8. 简述物流信息化的含义。

9. 简述推广物流信息化的意义。

10. 简述智能物流信息技术的概念。

11. 简述常用智能物流信息技术。

12. 简述《物流术语》（GB/T 18354）中对物流的解释。

13. 简述物流信息化对传统物流行业的促进作用。

14. 简述我国物流信息化的发展趋势。

# 项目二

# 物流信息采集和识别技术

## ▣ 项目简介

物流信息采集和识别技术主要包括条码技术、射频识别技术和生物识别技术。在物流活动中，必须对多种对象进行识别，而这些对象包括供应商、采购商、承运商、商品、托盘、货架、装载容器、运载工具、仓储设备等。物流信息采集和识别就是对这些对象的物流特征进行数据化的过程，物流信息采集通常是通过自动识别技术与手工数据输入来实现的。物流过程中出现的所有对象在物流管理信息系统中都会被赋予一个唯一的识别码。物流信息采集和识别技术是物流信息采集的关键支撑技术，物流过程中的所有环节所需要的信息都以此为基础。

## ▣ 职业素养

通过学习本项目，学生可以了解现阶段先进的物流信息采集和识别技术及其发展趋势，培养发现问题、解决问题的能力，养成认真、细致的工作态度，培养不断学习物流新技术的习惯。

## ▣ 知识结构导图

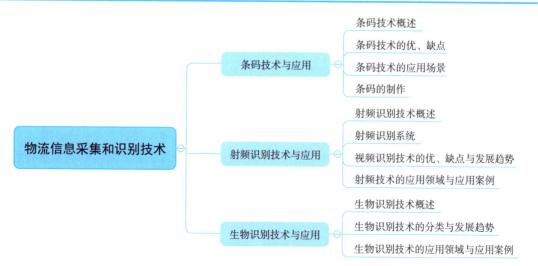

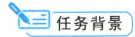

# 任务一　条码技术与应用

## 任务背景

　　京东物流在 2019 年 3 月上线了一套基于机器视觉智能扫描批量收货入库的系统——"秒收"。这套系统由京东物流自主研发，主要应用于物流作业过程中的进货环节。它比较有针对性地解决了大批量条码扫描、商品信息采集、商品数据录入并最终完成入库的问题。

　　传统的物流快件入库是采用人工操作的方式进行的，员工需要用扫码枪对商品条码逐一扫描，不仅效率低，而且容易出错，漏扫和重复扫描的情况经常发生。同时，商品条码尺寸小，排列密集，多种条码混杂，容易使员工扫错码，一次扫码成功率低，在分辨难度大的长期重复劳动下，员工的疲劳程度大幅增加。"秒收"系统上线后，入库作业效率提升 10 倍以上。

## 任务目标

**知识目标**

（1）了解条码技术的含义及工作原理。

（2）掌握条码的特性，分类及优、缺点。

（3）理解条码技术的应用场景。

**能力目标**

（1）能够对条码分类，并能根据工作要求选择合适的条码。

（2）能够应用常用软件制作条码。

**素质目标**

（1）通过编制 EAN-13 条码、二维码实训，培养坚忍不拔、锲而不舍的品质。

（2）通过编制 EAN-13 条码、二维码实训，培养敬业、精益、专注、创新的工匠精神。

## 知识准备

　　条码技术属于自动识别技术的范畴，它是在计算机技术和信息技术的基础上发展起来的一门实用的数据采集、自动输入技术。从系统的角度看，条码技术涉及编码技术、通信技术、光电传感技术、印刷技术及计算机应用技术。由于条码技术具有成本低，识别快速、准确，操作简单，出错率低等优点，所以在现代物流信息的形成和传输过程中，条码技术起着重要的支撑作用，已成为实现物流现代化管理的必要的前提条件，并在现代物流系统中得到了广泛应用。在我国，条码技术已作为一种成熟的自动识别技术广泛应用于商业仓储、交通运输、生产控制、金融、海关、邮政、医疗卫生、票证管理、质量跟踪等领域。

## 一、条码技术概述

### （一）条码的概念

条码是将宽度不等的多个黑条和白条，按照一定的编码规则排列，用以表达一组信息的图形标识符。常见的条码是由反射率相差很大的黑条（简称"条"）和白条（简称"空"）排成的平行线图案。条码可以标示商品的生产地、制造厂家、名称、生产日期，图书分类号，邮件的起止地点、类别、日期等许多信息，因此它在商品流通、图书管理、邮政管理、银行系统等许多领域都得到了广泛的应用。

### （二）条码识别原理

条码是由反射率不同的"条""空"按照一定的编码规则组合起来的一种信息符号。条码中"条""空"对光线具有不同的反射率，从而使条码扫描器接收到强弱不同的反射光信号，相应地产生了电位不同的脉冲。条码中"条""空"的宽度决定了电位不同的脉冲信号的长短。条码扫描器接收到的光信号需要经光电转换成电信号并通过放大电路进行放大。由于扫描光点的规格、条码印刷时的边缘模糊性以及其他原因，经过电路放大的条码电信号是一种平滑的起伏信号，这种信号被称为"模拟电信号"。"模拟电信号"需经整形变成"数字信号"。根据码制所对应的编码规则，译码器可识读"数字信号"并将其译成数字、字符信息。

### （三）条码采集及打印设备

条码采集设备主要是条码扫描器，又称为条码阅读器、条码扫描枪。条码扫描器是用于读取条码所包含信息的设备，它利用光学原理，把条码的内容解码后通过数据线或者无线的方式传输到计算机或者其他设备。条码扫描器广泛应用于在超市、快递站点、图书馆等处扫描商品、单据条码的场景，如图 2-1、图 2-2 所示。条码打印设备主要是条码打印机，如图 2-3 所示。

  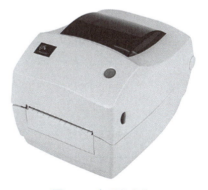

图 2-1　扫描仪　　　　　图 2-2　RF 手持终端　　　　　图 2-3　条码打印机

### （四）产品代码的特性

产品代码本身仅作为一个产品的识别符号，并无其他特殊含义，其特性如下。

（1）唯一性：同种规格的同种产品对应同一个产品代码，同种产品的不同规格对应不同的产品代码。根据产品的不同性质，如质量、包装、规格、气味、颜色、形状等，为产品赋予不同的产品代码。

（2）永久性：产品代码一经分配就不再更改，当此产品不再生产时，其对应的产品代码只能搁置不用，不得再分配给其他的产品。

（3）无含义：为了保证产品代码有足够的容量以适应产品频繁的更新换代的需要，最好采用无含义的顺序码。

### （五）条码分类

#### 1. 一维条码

一维条码只在一个方向上（一般是水平方向）表达信息，而在垂直方向上不表达任何信息，其拥有一定的高度（通常是为了便于条码扫描器对准）。

EAN-13 码是比较通用的一维条码，如图 2-4 所示。

图 2-4　EAN-13 码

以 3 种规格的怡宝纯净水为例，它们的条码信息见表 2-1。

表 2-1　怡宝纯净水条码信息

| 规格 | 商品条码 | 国家代码 | 厂商代码 | 产品代码 | 校验码 |
| --- | --- | --- | --- | --- | --- |
| 350 mL | 6901285991240 | 690（中国） | 1285<br>（华润怡宝） | 99124（350mL） | 0 |
| 555 mL | 6901285991219 | 690（中国） | 1285<br>（华润怡宝） | 99121（555mL） | 9 |
| 4.5 L | 6901285991530 | 690（中国） | 1285<br>（华润怡宝） | 99153（1.5L） | 0 |

一维条码的主要类型如下。

（1）EAN 码：是一种国际通用的码制，其长度固定、无含意，所表达的信息全部为数字，主要应用于商品标识。

（2）39 码和 128 码：为国内企业内部自定义的码制，可以根据需要确定条码的长度和信息，它所编码的信息可以是数字，也可以包含字母，主要应用于工业生产线、图书管理等领域。39 码：是用途广泛的一种条码，可以表示数字、英文字母，以及"＊""．""／""＋""％""＄""（空格）和"＊"共 44 个符号，其中"＊"仅作为起始符和终止符。它既能用数字，也能用字母及有关符号表示信息。

（3）93 码：是一种类似于 39 码的条码，它的密度较高，能够替代 39 码。

（4）标准 25 码：主要应用于包装、运输，以及国际航空系统的机票顺序编号等。

（5）CodeBar 码：主要应用于血库、图书、包裹等的跟踪管理。

（6）ISBN 码：主要应用于图书管理。

一维条码可以提高信息录入的速度，降低差错率，但也存在以下不足之处。

（1）数据容量较小，仅 30 个字符左右。

（2）只能包含字母和数字。

（3）尺寸相对较大（空间利用率较低）。

（4）遭到损坏后便不能被阅读。

## 2. 二维条码

在水平和垂直方向的二维空间存储信息的条码称为二维条码。二维条码是一种比一维条码更高级的条码格式。二维条码在水平和垂直方向上都可以存储信息，它能存储汉字、数字和图片等信息，信息表达依赖商品数据库的支持，离开了预先建立的数据库，二维条码将无法使用。因此，二维条码的应用领域要比一维条码广泛。

与一维条码一样，二维条码也有许多不同的码制。根据码制的编码原理，二维条码通常可以分为以下 3 种类型。

### 1）线性堆叠式二维条码

线性堆叠式二维条码又称为堆积式二维条码或层排式二维条码，其编码原理建立在一维条码的基础上，按需要堆积成两行或多行。它在编码设计、校验原理、识别方式等方面继承了一维条码的特点，其识别印刷与设备与一维条码兼容。但是，由于行数的增加，需要对行信息进行判断，其译码算法与软件也不完全与一维条码相同。

具有代表性的线性堆叠式二维条码有 PDF417（图 2-5）、16K 码、49 码等。

图 2-5　PDF417 二维条码

### 2）矩阵式二维条码

矩阵式二维条码（又称为棋盘式二维条码）是在一个矩形空间通过黑、白像素在矩阵中的不同分布进行编码。在矩阵相应的元素位置上，用点（方点、圆点或其他形状）的出现表示二进制"1"，用点的不出现表示二进制"0"。点的排列组合确定了矩阵式二维条码所代表的意义。矩阵式二维条码是建立在计算机图像处理技术、组合编码原理等基础之上的一种新型图形符号自动识读处理码制。

具有代表性的矩阵式二维条码有 CodeOne、MaxiCode、QRCode（图 2-6）、DataMatrix 等。

3）彩色条码

彩色条码是二维条码的创新形式（图2-7）。通过带有视像镜头的移动电话或个人计算机，利用视像镜头来阅读杂志、报纸、电视机或计算机屏幕上的彩色条码，并传送到数据中心。数据中心会根据收到的彩色条码来提供网站资料或优惠信息等。

彩色条码比传统二维条码优胜的地方，是它可以利用较低的分辨率来提供较大的数据容量。一方面，彩色条码不需要较高分辨率的镜头来解读，使沟通从单向变成双向；另一方面，较低的分辨率令使用彩色条码的企业可以在条码上增加变化，以提高读者参与的兴趣。

图2-6　QRCode二维条码

图2-7　彩色条码

彩色条码是为解决目前二维条码的技术和应用瓶颈而发展起来的新型条码，也是未来市场上适用性最好的条码。彩色条码不仅能够保持二维条码的固有服务特性，还能够延展其服务外延，以及降低对条码识读设备的要求。彩色条码是以4种相关性最大的单一颜色——红、绿、蓝和黑来表述信息的，其构成的架构是一个6×6的矩阵图，36个矩阵单位各自由上述4种颜色中的单一颜色来填充，矩阵图的外框通过黑色线条封闭，并在外框黑边外留白。

由于采用了有别于传统二维条码的识别技术，彩色条码具有较高的容错能力，并允许图形有一定的畸变，同时，其四色取值也有较大的范围。

目前，彩色条码技术作为手机移动互联网识别领域的新技术，比以往的条码技术具有更大的优越性，具有更广泛的应用市场，在我国的衣、食、住、行等各方面已有较成熟的市场应用。

**3. 一维条码与二维条码的区别**

一维条码与二维条码的区别见表2-2。

表2-2　一维条码与二维条码的区别

| 区别 | 类　　型 | |
| --- | --- | --- |
| | 一维条码 | 二维条码 |
| 码制方式的区别 | 128码、EAN码、ISBN码、标准25码、UPC码、CodeBar码 | QRCode、PDF417、DataMatrix |

续表

| 区别 | 类 型 | |
|---|---|---|
| | 一维条码 | 二维条码 |
| 信息容量的区别 | 信息仅能是字母和数字；尺寸大、空间利用率低决定了信息容量小，一般仅能容纳 30 个字符 | 信息容量比一维条码大得多，最大数据容量可达 1 850 个字符 |
| 应用范围的区别 | 一般应用于图书管理、仓储、工业生产、商业、邮政等的过程控制及交通等领域 | 一般应用于信息获取、账号登录、广告推送、网站跳转、防伪溯源、优惠促销、会员管理、手机 App 购物、手机支付等领域 |
| 纠错能力的区别 | 纠错功能较差，若破损就不能被识别 | 纠错率从低到高分为 4 个等级，即 L、M、Q、H，每个等级的最大纠错率分别是 7%、15%、25%、30%，即使发生破损，也可以被读取 |
| 信息表达方式的区别 | 在水平方向上表达信息，其高度一般是为了方便读取，不能直接表达信息，需要另接数据库进行解析 | 可在水平和垂直两个方向上表达信息，可直接存储信息，不用另接数据库 |

#### 4. 条码有效性查询

（1）可在中国商品编码中心查询条码的有效性及厂商信息，如图 2-8 所示。

图 2-8 国内条码有效性查询

（2）可通过计算校验码验证条码的有效性。其步骤如下。

① 从代码位置序号 2 开始，将所有偶数位的数字求和。

②将步骤①的和乘以 3。

③从代码位置序号 3 开始，将所有奇数位的数字求和。

④将步骤②与步骤③的结果相加。

⑤用大于或等于步骤④所得结果且为 10 的最小整数倍的数减去步骤④所得结果，其差即所求校验码的值。

示例：代码 690123456789X 校验码的计算方法见表 2-3。

表 2-3　校验码的计算方法

| 步骤 | 举例说明 | | | | | | | | | | | | |
|---|---|---|---|---|---|---|---|---|---|---|---|---|---|
| 1. 按自右向左的顺序编号 | 位置序号 | 13 | 12 | 11 | 10 | 9 | 8 | 7 | 6 | 5 | 4 | 3 | 2 | 1 |
| | 代码 | 6 | 9 | 0 | 1 | 2 | 3 | 4 | 5 | 6 | 7 | 8 | 9 | X |
| 2. 从序号 2 开始求偶数位的数字之和（1） | $9+7+5+3+1+9=34$（1） | | | | | | | | | | | | |
| 3. ①×3＝② | $34 \times 3=102$（2） | | | | | | | | | | | | |
| 4. 从序号 3 开始求奇数位的数字之和（3） | $8+6+4+2+0+6=26$（3） | | | | | | | | | | | | |
| 5. ②＋③＝④ | $102+26=128$（4） | | | | | | | | | | | | |
| 6. 用大于或等于结果④且为 10 的最小整数倍的数减去④，其差即所求校验码的值 | $130-128=2$<br>校验码 X＝2 | | | | | | | | | | | | |

## 二、条码技术的优点

条码技术具有以下优点。

### （一）准确可靠

根据有关资料，键盘输入平均每 300 个字符出现 1 个错误，而条码输入平均每 15 000 个字符出现 1 个错误。如果加上校验位，条码的出错率是千万分之一。

### （二）数据输入速度快

使用键盘输入时，一个每分钟打 90 个字符的打字员用 1.6 s 可输入 12 个字符，而使用条码做一样的工作只需 0.3 s，速度提了 5 倍多。

### （三）经济便宜

与其他自动识别技术相比，条码技术所需要的费用比较低。

### （四）灵活实用

条码作为一种识别手段，可以单独使用，也可以和有关设备组成识别系统实现自动化识别，还可以和其他控制设备联系起来，实现整个系统的自动化管理。同时，在没有自动识别设备时，也可手工使用键盘输入。

### （五）自由度大

条码识别装置与条码的相对位置的自由度比较大。条码通常只在一维方向上表达信息，而同一个条码所表现的信息完全相同并且连续，即使条码残缺，仍可以从正常的部分获取正确的信息。

### （六）设备简单

条码识别设备的结构简单，操作容易，无须专门训练。

### （七）易于制作

条码可印刷，被称作"可印刷的计算机语言"。条码易于制作，对印刷设备和材料均没有特殊要求。

条码技术提供了一种对物流中的商品进行识别和描述的方法，结合 POS 系统、电子数据交换等现代技术手段，企业可以随时了解有关产品在供应链上的位置，并即时回应。

## 三、条码技术的应用场景

条码技术已在许多领域得到了广泛的应用，其典型的应用场景如下。

### （一）零售业

零售业是条码技术应用最为广泛的场景之一，接近 100% 的零售产品都使用了条码技术，涉及食品、饮料、日化等领域。商品条码在零售领域的普及，使收款员仅需扫描条码就实现了商品的结算，大幅提升了结算效率，缩短了客户的等待时间，避免了人为差错造成的经济损失和管理上的混乱。

此外，通过使用商品条码，零售门店可以定时将消费信息传递给总部，使总部及时掌握各门店库存状态，从而制订相应的补货、配送、调货计划。同时，生产企业也可以通过相关信息制订相应的生产计划以实现供应商库存管理。

### （二）仓储管理与物流跟踪

商品条码标识系统是在物流供应链中广泛应用的物品标识系统，能够实现上、下游企业间信息传递的"无缝"对接。箱码（Case Code）是商品外箱上使用的条码标识，企业在订货、配送、收货、库管、发货、送货及退货等物流过程中扫描箱码后，相关信息便自动记录到企业信息系统中，实现了数据的自动采集与分析，从而降低了物流成本，提升了物流效率。系列货运包装箱代码（SSCC）是为物流单元（如托盘、集装箱等）提供的唯一标识。

在物流配送过程中，企业仅需扫描 SSCC，便可实现对整个托盘/集装箱中产品信息的采集，从而大幅提升物流供应链效率。

对于大量物品流动的场合，用传统的手工记录方式记录物品的流动状况既费时费力，准确率又低，在一些特殊场合，手工记录是不现实的，而且手工记录的数据在统计、查询过程中的应用效率相当低。应用条码技术，可以快速、准确地记录每件物品的信息，而且采集到的各种数据可实时地由计算机系统进行处理，使各种统计数据能够准确、及时地反映物品的状态。

### （三）医疗卫生

药品、医疗器械等医疗保健产品关系到人民的生命健康与安全，受到政府部门与广大人民的高度重视。遵照国家医疗器械监督管理、药品经营管理等法律法规的要求，为了加强医疗保健产品分类管理，严格生产、经营过程控制，我国实行了医疗保健产品分类管理、包装标识管理、医疗保健保险制度以及"医药分家"等措施，医疗保健产品从"制造商→医院→消费者"这种单向、封闭的流通模式转入开放式的市场流通模式。如何对药品、医疗器械等医疗卫生产品进行标识和信息的传递与共享，是当今医疗卫生领域所关注的重要问题。

中国物品编码中心于 1991 年代表我国加入国际物品编码组织（GS1），是统一组织、协调、管理我国物品编码与自动识别标识工作的专门机构。商品条码标准体系由中国物品编码中心依据 GS1 的通用技术规范编制，适用于多领域、多环节的物品标识，可以克服行业和企业专用编码系统的封闭和局限，帮助企业提高在全球贸易与供应链管理中的效率和透明度，降低企业运作成本。该标准体系能满足我国药品、医疗器械等医疗保健产品的经贸业务与供应链管理需求，可用于对医疗保健产品的跟踪与追溯。

使用 GS1 全球统一标识系统后，医疗卫生领域受益于自动识别技术、追溯系统和数据同步，将能够减少药物治疗差错、保障全球范围内的追溯和鉴别、提高供应链效率。

### （四）食品安全追溯

近年来国内外食品安全事件不断发生，引起各国政府、企业和消费者的共同关注。追溯作为保障食品安全的一种重要手段，受到各国政府、行业组织和企业的高度重视。

国产高清条码打印机和射频识别标签打印机的投入使用，让每个产品拥有唯一的条码身份变得简单易行，其可以贯穿产品的整个生命周期，真正把食品生产的上、下游，即食品的种植、养殖、生产、加工、包装、物流、销售到餐桌的每个环节都协同起来，形成一个开放的可追溯体系，从而打造从农田到餐桌的可追溯系统，为食品安全和健康生活带来科技化、标准化的保障。

自 2000 年开始，中国物品编码中心在国内外率先开展产品追溯政策、法规和标准的技术跟踪与研究，并把追溯概念引入中国，经过 20 年的努力，在标准制订、项目建设、应用推广等方面都取得了一定的成绩，承担了《重要产品追溯 追溯码编码规范》等多个追溯国家标准和行业标准的制订工作，建成国家食品（产品）安全追溯平台，开展对外追溯合作，有效地推进了我国追溯体系建设的完善。

## （五）电子商务

条码技术是在计算机的应用实践中产生和发展起来的一种自动识别技术，商品条码是全球通用的、标准化的商务语言。它是为实现对商品信息的自动扫描而设计的，是实现快速、准确采集数据的有效手段，真正解决了企业对数据的准确、及时传递和有效收集的问题，既是企业信息化管理的基础，也是连接上、下游数据传递的纽带。

采用物品编码标识及统一的编码标准，是实现物品自动识别、信息系统互连的必然前提。通过在线上、线下采用统一的物品编码标识标准，整合上、下游商家和产品，避免了众多互不兼容的系统所带来的时间和资源的浪费，进一步降低了运行成本，准确实现了信息流和物流的快速无缝链接，有效地解决了电商面临的瓶颈问题，实现了对所有物品的编码和信息化管理，为我国电子商务的发展提供了有力的技术支撑。

## （六）移动商务

移动电话正在成为企业和消费者互动的重要渠道。今天的移动电话可以与条码"对话"，读取无线射频识别标签，并访问互联网。通过使用移动电话对产品标识的读取，消费者可以获得有关产品的服务和信息，在明白消费的同时，也增强了消费者对品牌的信任。

## （七）物联网

物联网中的"物"即物品，对物品进行编码，可以实现物品的数字化。物品编码是物联网的基础，建立我国物联网编码体系对于保障各个行业、领域、部门的应用，实现协同工作具有重要的意义。

## （八）其他

商品条码与编码的应用最早是从食品、日用百货等快速消费品在零售POS系统自动结算开始的，目前已广泛应用于国民经济的各个领域，对促进零售业、制造业、交通运输业、邮电通信业、物流服务业等产业发展，推动食品、医疗卫生、工商、海关、金融、军工等领域的信息化发展做出了积极贡献。

在我国，经过20多年的发展，商品条码与编码作为商品流通"身份证"，已经在3 000多万种商品、100多万家商超、95%以上的快速消费品上广泛使用，拥有条码"身份证"的"中国制造"产品已遍及世界的各个角落。

目前，全球已有150个国家和地区的150多万家企业采用商品条码与编码标识系统，条码技术在快消、零售、制造、服装、建材等30多个行业和领域得到了广泛应用，每天全球扫描商品条码的次数达500亿次，商品条码已成为全球通用的商务语言。

# 四、条码的制作

## （一）条码的申请

在中国物品编码中心网站申请条码，如图2-9所示。

图 2-9　中国物品编码中心网站

商品条码申请流程如图 2-10 所示。

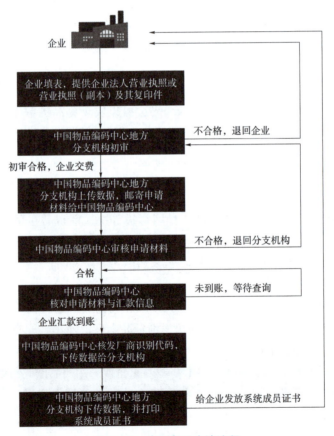

图 2-10　商品条码申请流程

（1）企业填表、提供企业法人营业执照或营业执照（副本）及其复印件。

（2）中国物品编码中心地方分支机构初审。

（3）若申请资料符合条件，则中国物品编码中心地方分支机构上传数据、邮寄申请资料给中国物品编码中心。

（4）中国物品编码中心审核申请材料。

（5）中国物品编码中心核对申请材料与汇款信息。

（6）中国物品编码中心核发厂商识别代码，下传数据给中国物品编码中心地方分支机构。

（7）中国物品编码中心地方分支机构下传数据，并打印系统成员证书。

### （二）条码的生成与打印

条码生成方法（表2-4）包括Word软件制作、Excel软件制作、条码生成软件（线上、线下）制作等。

一般通过条码打印机或激光雕刻机打印条码。条码打印机和普通打印机的最大的区别就是，条码打印机是以热转印为基础，以碳带为打印介质（或直接使用热敏纸）完成打印，配合不同材质的碳带可以实现高质量的打印效果和在无人看管的情况下实现连续高速打印。可以使用专用的条码检测仪检测条码等级。条码等级分为A级~F级，C级以下的条码属于不合格条码。

"草料二维码"网址链接

**表2-4　条码生成方法**

| 方式 | 软件及版本 | 微课视频 |
|---|---|---|
| Word软件制作 | Word 2010 | 微课：用Word软件制作一维条码 |
| Excel软件制作 | Excel 2010 | 微课：用Excel软件制作一维条码 |
| 条码生成软件（线上）制作 | 草料二维码生成器 | 微课：草料二维条码生成器操作录屏 |
| 条码生成软件（线下）制作 | 条码打印机 | 微课：用条码打印机制作条码 |

**素养提升**

#### 条码技术的由来

1948年，美国有两个年轻人伯纳德·希尔弗和诺曼·伍德兰正在费城德里克塞尔技术学院就读。有一天，希尔弗偶然在学院大厅里听到食品连锁超市董事长与校长的谈话。董事长希望学校能帮助他们研制一个设备，在收银员结账时，可以自动得到商品信息，但被校长婉言拒绝了。这件事引起了希尔弗和伍德兰的兴趣。

在佛罗里达的海滩上，伍德兰获得灵感。他回忆道："我把四个手指插入沙中，不自觉地划向自己，划出了四条线。天呀！这四条线可宽、可窄，不是可以取代长划和短划的摩尔斯电码吗？"摩尔斯电码也被称作摩斯密码，是一种时通时断的信号代码，它们通过不同的排列顺序来表达不同的英文字母、数字和标点符号。伍德兰脑中灵光一闪，捕捉到了条码的秘诀。

1949年10月20日，希尔弗和伍德兰提交了类似"牛眼"的商品标识码的设计专利申请报告，其中详细阐明了条码的结构和读码器的设计原理。1952年10月7日，这项专利被批准，由此奠定了伍德兰和希尔弗两人作为条码发明人的地位。这种商品标识码由一组同心圆环组成，通过圆环的宽度和圆环之间间隔的变化来标识不同的商品。但是由于当时计算机技术的限制，该设计未能实现。

进入20世纪70年代，商品流通业迅速发展，商品的品种日益增加，无论是制造商还是经销商，都想找到一种简单有效的商品管理办法。但是，处理这个问题的最佳途径就是建立统一的商品标识码。另外，当时以IBM公司为首的计算机公司，其计算机和激光扫描技术方面发展迅速，在1971年成立了"规范码委员会"（UUC）来负责这项工作。伍兰德代表IBM公司加入了该类会员。

当时，IBM公司在激光扫描技术和商品标识码的研讨中处于领先位置，伍兰德在研讨中以"牛眼"码为基础，设计了如今普遍运用的条码。于是，该委员会在1972年做出决议，将IBM公司引荐的条码作为统一的商品标识码，从而使种类繁多的商品有了统一的辨认规范。条码的运用，为商品流通业实现计算机管理奠定了良好的基础。

伍兰德由于创造了条码而获得了美国国家科技与发明。

条码技术的应用，是现代商品流通业实现现代化管理的第一步。无论是生产厂家还是批发商，商品的现代化管理都是以条码的应用为开端的。

## 行业资讯

### 商品条码助力脱贫农副产品标准体系建设

在2023年脱贫地区农副产品产销对接会上，中国物品编码中心与中国供销电子商务有限公司签署脱贫地区农副产品网络销售平台（832平台）项目战略合作协议，通过标准化的商品条码来促进我国脱贫地区农副产品数字化转型，加强标准化商品信息的资源共享，推进数据互连、互通和深度应用，有效提升了脱贫农副产品生产—流通—使用全过程、跨区域协同管理水平。

"未来脱贫地区农副产品与市场能够实现全面接轨，通过简单的'扫码'动作就能看到产品从原料到销售的'前世今生'，实现认证商品市场化、国际化流通，实现脱贫地区农副产品信息的线上互通互连。"832平台相关负责人表示，脱贫地区农副产品"双实认证"，是为了保证脱贫地区农副产品的原产地、帮扶属性、产品品质和质价相符而设立的产品认证体系。中国物品编码中心的参与加快了商品标准化进程，规范了商品标准和溯源管理，为832平台建立认证商品的数字化商品库提供了有力的支撑。

中国物品编码中心相关负责人介绍，在数字化转型阶段，中国物品编码中心针对脱贫地区开展精准帮扶，以商品条码为抓手，通过鼓励、推动农副产品赋码，加强标准化商品信息资源共享，实现了从生产到销售全过程的数字化管理，做到了降低成本、提高效率、增强市场竞争力，从而有效促进乡村振兴和脱贫地区经济发展。

此外，中国物品编码中心和中国供销电子商务有限公司还积极探索条码技术应用在脱贫产品上的实践。双方通过共同研究和开展商品二维条码、商品源数据等编码标准和技术在相关领域的开发，推动脱贫地区农副产品全程追溯和监管、高质量商品档案、扩展包装、交付履约、物流可视化、全渠道协作等应用场景的实现，将在畅通农副产品销售渠道、促进脱贫地区特色产业发展、助力脱贫群众持续稳定增收等方面发挥积极作用。

(资料来源：人民网)

## 知识链接

### 跨境电商进口商品条码惠民生　超620万名消费者权益得到保障

2023年5月22日，喜欢"海淘"的郑州市民周丽发现新购买的进口奶粉订单上多出了一串数字条码，她说："用手机扫一扫条码就能查询产地、物流等信息，这下购物更安全了。"

为了促进跨境电商行业健康有序发展，从2月10日起，海关总署在全国推广实施跨境电商零售进口商品条码。截至5月22日，河南全省应用申报条码的跨境电商清单累计超2000万票，超620万名消费者权益得到保障。

据了解，随着跨境电商的蓬勃发展，国内消费者通过跨境电商平台购买国外商品变得越来越多样和便利，但随之而来的"进口商品信息查询不便、信息真实性不好验证"等问题也成为新的困扰。

郑州海关关税处相关负责人介绍，商品条码作为商品流通的"身份号码"，在国际消费品流通领域应用广泛。此次应用的跨境电商零售进口商品条码，对接国际通用编码规则，将商品相关信息高度集成于条码之中，通过条码技术可以快速获取商品产地、生产厂家、品牌品名等信息，既可以帮助企业实现精细化管理及快速通关申报，也能保证国内消费者充分了解商品信息，保障消费者权益。

郑州易纳购科技有限公司关务经理闫丽深有体会："每一类商品的条码都是唯一的，条码和商品对应起来可以极大降低申报错误率，商品通关时间可有效缩减10%以上。"

业内人士认为，一串小小的代码创新，推动我国跨境电商发展与国际市场充分接轨，也让零售进口商品从此有了"通行码""安全码"，极大惠及民生。

据介绍，目前，条码应用为进口商在通关申报时自愿选择，下一步，郑州海关将持续主动作为，推动条码覆盖更多跨境电商零售进口商品，助力河南跨境电商更好地"买卖全球"。

(资料来源：《河南日报》)

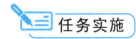 任务实施

### 任务一：查询商品条码辨真伪

登录中国物品编码中心官网，通过"境内条码信息查询"命令查询相关信息，并填写表 2-5。

表 2-5  查询商品条码辨真伪

| 商品条码 | 商标（品牌） | 名称 | 发布厂家 | 规格型号 |
|---|---|---|---|---|
| 6925911511664 | 威露士 | 威露士空调清洗消毒液 | 威莱（广州）日用品有限公司 | 500 mL |
| 6941257457121 | | | | |
| 6941257477341 | | | | |
| 6941592704836 | | | | |
| 6936519650204 | | | | |

### 任务二：批量生成符合校验规则的一维条码

**MOD 校验码批量生成软件下载**

第一步：教师示范。

演示"MOD 校验码批量生成软件"的安装方法及基本操作流程。

第二步：学生实训。

（1）直接运行老师发送的"MOD 校验码批量生成软件"。

（2）设置一次生成 10 个条码，输出格式为 TXT 的文件。

（3）通过中国物品编码中心官网验证校验码的准确性并将结果填入表 2-6。

表 2-6  批量生成条码及校验

| 商品条码 | 校验码 | 校验结果 |
|---|---|---|
| | | |
| | | |
| | | |
| | | |
| | | |
| | | |
| | | |
| | | |
| | | |
| | | |

### 任务三：一维条码与二维条码的在线生成

（1）一维条码。利用"村美小站"网站（http：//www.qinms.com/webapp/barcode/）中的在线条码生成器，制作维达卷纸（6901236373958）的一维条码，将图片粘贴在 Word 文档中。

（2）二维条码。用微信扫描"条码实训任务"二维条码，识别实训任务后，扫描"图片素材"与"文字素材"二维条码，在"草料二维码"网站（https：//cli.im/？from-TopNav＝1）上完成注册与实训任务，生成黑白二维条码与彩色二维条码后，将实训结果的二维条码图片粘贴 Word 文档中。

"村美小站"网址链接

条码实训任务

图片素材

文字素材

### 任务四：条码技术在物流实训中心的综合应用

（1）分组实训，各小组在物流实训中心使用条码打印机制作并打印"午后奶茶"与"沙士力"的商品条码，将商品条码粘贴在纸箱的指定位置。

（2）老师提前录入商品入库单，学生使用 RF 手持终端完成商品"组盘""搬运"与"入库上架"的实训任务。

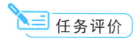 **任务评价**

完成任务评价（表2-7）。

表 2-7　任务评价

任务评价得分：

| 序号 | 评价项目 | 分数 | 自我评分 | 教师评分 |
|---|---|---|---|---|
| 1 | 能够准确完成任务一中表 2-5 的填写 | 20 | | |
| 2 | 能够正确批量生成 10 个条码，并能够在中国物品编码中心官网验证它们 | 20 | | |
| 3 | 能够在"村美小站"网站用在线条形码生成器完成维达卷纸一维条码的制作 | 20 | | |

| 序号 | 评价项目 | 分数 | 自我评分 | 教师评分 |
|---|---|---|---|---|
| 4 | 能够在"草料二维码"网站完成二维条码的制作 | 20 | | |
| 5 | 能够在物流实训中心制作并打印"午后奶茶"与"沙士力"的商品条码 | 10 | | |
| 6 | 能够使用 RF 手持终端完成"组盘""搬运"与"入库上架"的实训任务 | 10 | | |

注：任务评价得分=自我评分×40%+教师评分×60%。

## 任务二 射频识别技术与应用

**任务背景**

射频识别技术作为新一代自动识别技术，具有安全性高、读取速度快、穿透性强和存储空间大等特点，广泛应用于物流运输、公共交通、医疗卫生、生产制造、批发零售、社会政务等领域，给社会带来了巨大的经济效益。如今5G时代来临，更是让射频识别技术的未来展现出无限的可能性。

**任务目标**

**知识目标**

（1）了解射频识别技术的概念与发展历程。

（2）掌握射频识别系统的组成和工作原理。

（3）了解射频识别技术的优、缺点与发展趋势。

（4）理解射频识别技术的应用领域与应用案例。

**能力目标**

（1）能够在射频识别桌面读写器中写入 EPC 产品电子码，实现对商品的有效管理。

（2）能够根据射频识别技术的工作原理与物流作业流程要求在物流业务中使用射频识别技术。

**素质目标**

（1）培养认真严谨的职业态度，形成规范的操作习惯。

（2）培养团结协作的精神。

（3）树立科学技术能够提高生产效率的观念。

**知识准备**

随着经济全球化的发展和互联网应用的推广普及，全球物流行业面临巨大的机遇与挑战。利用射频识别技术对商品的采购、仓储、销售、配送等各个环节实施管控，实现了供应链的无缝对接并整合了物流流程信息化平台管理，大力促进了数据共享，提高了货物和资金的周转率以及工作效率，实现了现代化物流企业管理的信息化流程。

### 一、射频识别技术概述

#### （一）射频识别技术的概念

射频识别技术是一种非接触的自动识别技术，其基本原理是利用射频信号和空间耦合

（电感或电磁耦合）或雷达反射的传输特性实现对被识别物体的自动识别。射频识别工作不需要人工干预，射频识别设备可工作于各种恶劣环境。

自 2004 年起，全球范围内掀起了一场射频识别技术的热潮，包括沃尔玛、宝洁、波音等公司在内的商业巨头无不积极推动射频识别技术在制造、物流、零售、交通等领域的应用。射频识别技术可识别高速运动物体并可同时识别多个标签，操作方便快捷，其被认为是 21 世纪最具发展潜力的信息技术之一。

### （二）射频识别技术的发展历程

1940—1950 年：雷达技术的发展和进步衍生出了射频识别技术，1948 年射频识别技术的理论基础诞生。

1950—1960 年：人们开始对射频识别技术进行探索，但是并没有脱离实验室研究的范畴。

1960—1970 年：相关理论不断发展，人们开始在实际中运用相关技术。

1970—1980 年：射频识别技术不断更新，产品研究逐步深入，对于射频识别技术的测试进一步加速。

1980—1990 年：相关射频识别产品被开发并在多个领域应用。

1990—2000 年：人们开始对射频识别的标准化问题给予重视，在多个领域可以见到射频识别系统的身影。

2000 年后：人们普遍认识到射频识别标准化问题的重要意义，射频识别产品的种类进一步丰富，无论是有源、无源还是半有源电子标签都开始发展起来，相关生产成本进一步下降，射频识别技术的应用领域逐渐扩展。时至今日，射频识别技术的理论得到了进一步的丰富和发展，可进行单芯片和多芯片电子标签识读、无线可读可写、适应高速移动物体的射频识别技术不断发展，相关产品被广泛应用。

## 二、射频识别系统

### （一）射频识别系统的组成与工作原理

一套完整的射频识别系统由阅读器、电子标签（也就是所谓的应答器）及应用软件系统 3 个部分组成。其工作原理是阅读器发射特定频率的无线电波给电子标签，用以驱动电子标签电路将内部的数据送出，然后阅读器依序接收并解读数据，将数据送给应用软件系统做相应的处理，如图 2-11 所示。

电子标签：由耦合元件及芯片组成，每个电子标签具有唯一的电子编码，附着在物体上以标识目标对象。

阅读器：读取（有时还可以写入）电子标签信息，可设计为手持式或固定式。

天线：在电子标签和阅读器间传递射频信号。

阅读器与电子标签之间的通信及能量感应方式大致可以分成感应耦合及后向散射耦合两种。一般低频的射频识别技术大都采用第一种方式，而较高频的射频识别技术大多采用第二种方式。

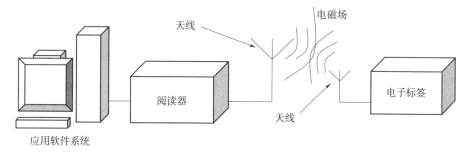

**图 2-11 射频识别系统的组成**

阅读器根据使用的结构和技术不同可以是读或读/写装置，它是射频识别系统的信息控制和处理中心。阅读器通常由耦合模块、收发模块、控制模块和接口单元组成。阅读器和电子标签之间一般采用半双工通信方式进行信息交换；同时，阅读器通过耦合给无源电子标签提供能量和时序。在实际应用中，可进一步通过以太网或无线局域网等实现对物体识别信息的采集、处理及远程传送等管理功能。电子标签是射频识别系统的信息载体，目前电子标签大多由耦合元件（线圈、微型天线等）和电子芯片组成无源单元。超高频射频识别智能手持终端如图 2-12 所示。超高频射频识别桌面式读写器如图 2-13 所示。

**图 2-12 超高频射频识别智能手持终端**

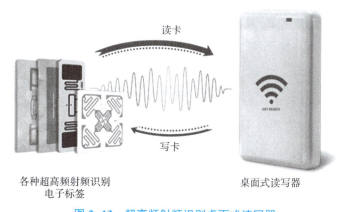

**图 2-13 超高频射频识别桌面式读写器**

## （二）电子标签

电子标签是射频识别系统的核心部件，也称为射频卡，用于存储物体的识别信息。其内部包含一个电子芯片和一个微型天线，每个电子芯片都含有唯一的识别码。在实际的应用中，电子标签粘贴在待识别物体的表面。可根据电子标签内部是否有电源供电与电子标签工作频率对电子标签分类。

### 1. 根据电子标签内部是否有电源供电分类

根据电子标签内部是否有电源供电，电子标签可以分为被动式电子标签、半被动式（也称作半主动式）电子标签、主动式电子标签三类，它们也称作无源电子标签、半有源电子标签、有源电子标签。

1）无源电子标签（被动式电子标签）

在三类电子标签中，无源电子标签（图2-14、图2-15）出现时间最早，最成熟，其应用也最为广泛。无源电子标签通过接受阅读器传输来的微波信号，通过电磁感应线圈获取能量对自身短暂供电，从而完成信息交换。因为省去了供电系统，所以无源电子标签的体积可以达到厘米量级甚至更小，而且结构简单，成本低，故障率低，使用寿命较长。但作为代价，无源电子标签的有效识别距离通常较短，一般用于近距离的接触式识别。无源电子标签主要工作在较低频段（125 KHz 和 13.56 MKHz 等）。无源电子标签的典型应用包括公交卡、二代身份证、食堂餐卡等。

图2-14　无源电子标签

图2-15　耐高温超高频无源电子标签

2）半有源电子标签（半被动式电子标签）

无源电子标签自身不供电，但有效识别距离太短。有源电子标签识别距离足够长，但需外接电源，体积较大。半有源电子标签就是向这一矛盾妥协的产物。半有源电子标签采用低频激活触发技术。在通常情况下，半有源电子标签处于休眠状态，仅对自身保持数据的部分供电。因此，其耗电量较小，可维持较长时间供电。当半有源电子标签进入阅读器的识别范围后，阅读器先现以 125 kHz 低频信号在小范围内精确激活半有源电子标签，使之进入工作状态，再通过 2.4 GHz 微波与其进行信息传递，也就是说，先利用低频信号精确定位，再利用高频信号快速传输数据。其通常应用场景为：在一个高频信号所能覆盖的大范围内，在不同位置安置多个低频阅读器用于激活半有源电子标签。这样既完成了定位，又实现了信息的采集与传递。

3）有源电子标签（主动式电子标签）

有源电子标签（图2-16、图2-17）兴起的时间不长，但已在各个领域，尤其在高速公路电子不停车收费系统中发挥着不可或缺的作用。有源电子标签通过外接电源供电，主动向阅读器发送信号。其体积相对较大，但也因此拥有了较长的传输距离与较高的传输速度。一个典型的有源电子标签能在百米之外与阅读器建立联系，读取率可达 1 700 次/s。有源电子标签主要工作在 900 MHz、2.45 GHz、5.8 GHz 等较高频段，且多个有源电子标签可以同时被识别。有源电子标签的远距性、高效性，使它在一些需要高性能、大范围的射频识别应用场合必不可少。

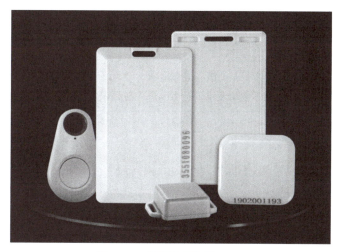

图 2-16 有源电子标签（1）

图 2-17 有源电子标签（2）

各类电子标签特点对比见表 2-8。

表2-8　各类电子标签特点对比

| 标签 | 电源 | 特点 |
|------|------|------|
| 无源电子标签 | 无 | 1. 体积小，价格低，寿命长<br>2. 通过读取天线发出的电磁波在内部产生信号，因此识别距离相对于有源电标签小很多 |
| 有源电子标签 | 有 | 1. 体积较大，价格高，而且因为使用电池，所以寿命相对短（1~3年）<br>2. 自身发出射频信号，识别距离大，识别更加准确 |
| 半有源电子标签 | 有 | 1. 体积、价格、寿命适中<br>2. 不主动发出信号，进入射频识别区后可增强自身的射频信号 |

## 2. 根据电子标签工作频率分类

根据电子标签工作频率，电子标签可分为低频（LF）、高频（HF）、超高频（UHF）与微波（MW）电子标签（表2-9）。

表2-9　电子标签工作频率特点对比

| 工作频段 | 典型工作频段 | 典型波长 | 能量传输方式 | 典型通信距离 |
|----------|--------------|----------|--------------|--------------|
| 低频 | 125~134 kHz | 2 km | 电感耦合 | <10 cm |
| 高频 | 13.56 MHz | 20 m | | <1 m |
| 超高频 | 860~960 MHz | 30 cm | 电磁场耦合 | 1~15 m |
| 微波 | 2.4~2.45 GHz | 12 cm | | 1~3 m |

## 三、射频识别技术的优、缺点

### （一）射频识别技术的优点

射频识别技术是一项易于操控、简单实用且特别适用于自动化控制的灵活性应用技术。识别工作不需要人工干预，它既可支持只读工作模式，也可支持读写工作模式，且无须接触或瞄准；射频识别产品可自由工作在各种恶劣环境下：短距离射频识别产品不怕油渍、灰尘污染等恶劣的环境，可以替代条码，例如用在工厂的流水线上跟踪物体；长距射频识别产品多用于交通领域，其识别距离可达几十米，可用于自动收费或识别车辆身份等。射频识别技术主要有以下几个优点。

#### 1. 数据读取方便快捷

数据读取无须光源，甚至可以透过外包装进行数据读取。有效识别距离大，采用自带电池的有源电子标签时，有效识别距离可达到30 m以上。

#### 2. 识别速度快

电子标签一进入磁场，阅读器就可以即时读取其中的信息，而且能够同时处理多个电子标签，从而实现批量识别。

### 3. 存储容量大

存储容量最大的二维条码（PDF417）最多只能存储 2 725 个数字，若包含字母，存储容量会更小；射频识别产品可以根据用户的需要将存储容量扩充到数十字节。

### 4. 使用寿命长，应用范围广

无线电通信方式使射频识别产品可以应用于粉尘、油污等高污染环境和放射性环境中，而其封闭式包装使其寿命大大超过印刷的条码。

### 5. 电子标签数据可动态更改

利用编程器可以在电子标签中写入数据，而且写入数据的时间比打印条码的时间更短。

### 6. 安全性高

射频识别产品不仅可以嵌入或附着在不同形状、类型的物品上，而且可以为电子标签数据的读写设置密码保护，从而具有更高的安全性。

### 7. 动态实时通信

电子标签以与每秒 50~100 次的频率与解读器进行通信，因此只要电子标签所附着的物体出现在阅读器的有效识别范围内，就可以对其位置进行动态的追踪和监控。

## （二）射频识别技术的缺点

### 1. 技术成熟度不高

射频识别技术出现时间较短，在技术上还不是非常成熟。超高频电子标签具有反向反射性，这使其在金属、液体等类商品中应用比较困难。

### 2. 成本高

电子标签相对于普通条码价格高，为普通条码的几十倍，如果使用量大，则成本太高，这在很大程度上降低了市场使用射频识别技术的积极性。

### 3. 存在安全性问题

射频识别技术面临的安全性问题主要表现为电子标签信息可以被非法读取和恶意篡改。

### 4. 技术标准不统一

随着射频识别技术的应用普及，人们逐渐发现条码存在易污染、易破损、操作烦琐等劣势。因此，在编码标识中，不少厂商开始采用射频识别技术取代条码技术，其中最具代表性是沃尔玛、麦德龙、迪卡侬等国际零售商巨头。

## （三）射频识别技术与条码技术的对比

在射频识别技术应用前，信息的记录和传输主要依靠条码技术条码识别方式的优点是配置灵活、系统成本较低，但是存在易污染、易破损、操作较为烦琐等缺点。虽然射频识别技术和条码技术都用来存储产品的信息，但是，这两种技术之间还是存在一定的区别，见表2-10。

表 2-10  射频识别技术与条码技术的对比

| 性能 | 条码技术 | 射频识别技术 |
|---|---|---|
| 读取数量 | 只能一次读取一个条码 | 可同时读取多个电子标签 |
| 信息容量 | 小 | 大 |
| 读写能力 | 条码信息不可更新 | 电子标签信息可以反复修改 |
| 读取方便性 | 读取条码时需要光线 | 不需要光线 |
| 坚固性 | 污损即无法使用，无耐用性 | 可在恶劣环境下使用 |
| 隐蔽安全性 | 需外漏，可见 | 可隐藏在包装内读取 |
| 高速读取 | 在移动中读取有限制 | 可进行高速移动读取 |

近年来，射频识别技术因具备远距离读取、批量读取、大量存储等特性而备受瞩目。综合各方面的特性来说，射频识别技术明显优于条码技术，不过条码技术在成本上优势明显。因此，随着射频识别技术应用成本逐渐降低，它势必会受到越来越多厂商的青睐。

## 四、射频识别技术的发展趋势

随着标准的制订、应用领域的广泛、应用数量的增加、工艺的不断提高、技术的飞速进步（如在图书方面，在封面或版权页上用导电油墨直接在印制射频识别天线），射频识别产品的成本会更低，识别距离会更大（即使无源电子标签的识别距离也能达到几十米），体积会更小。

### （一）高频化

超高频射频识别系统与低频射频识别系统相比，具有识别距离大、数据交换速度更快、伪造难度高、对外界的抗干扰能力强、体积小的特点。另外，随着制造成本的降低和高频技术的进一步完善，超高频射频识别系统的应用将更加广泛。

### （二）网络化

在部分应用场合，需要将不同射频识别系统（或多个阅读器）所采集的数据进行统一处理，然后提供给用户使用，如使用二代身份证在自动取票机取火车票时就需要对射频识别系统进行网络化管理，这样便可实现系统的远程控制与管理。

### （三）多能化

随着移动计算技术的不断提高和普及，射频识别产品设计与制造的发展趋势是向多功能、多接口、多制式，以及模块化、小型化、便携式、嵌入式的方向发展；同时，多阅读器协调与组网技术将成为射频识别技术未来的发展方向之一。

## 五、射频识别技术的应用领域与应用案例

射频识别技术具有抗干扰性强以及无须人工识别的特点，常被应用在一些需要采集或追

踪信息的场合，对于提高企业的工作管理效率具有积极意义。

### （一）应用领域

#### 1. 医疗领域

射频识别技术在医疗领域一般应用于医院的患者管理、医护人员管理、家属及外来人员管理、医院物资和设备管理、新生儿识别防盗等。由于现在智慧医疗不断发展，可以预测医疗领域将是射频识别技术应用的主要阵地。

#### 2. 物流领域

如今在物流领域，射频识别技术的应用具有极大的潜力，国内外众多物流巨头都在积极推进射频识别技术发展，使其广泛用于物流过程中的货物追踪、商品出入信息自动获取、仓储信息识别和存储、港口运输管理、邮寄快递管理等。

#### 3. 零售领域

在零售领域，射频识别技术可以对商品销售数据进行实时的统计，及时地进行货品的采购和更换，其保密性可以进一步加强商品的防伪防盗。利用射频识别技术，零售商可以更好地管理自己的商品，降低库存积压的风险，避免缺货现象，降低相关的经营成本，如图 2-18~图 2-20 所示。

图 2-18　射频识别无人零售智能生鲜柜

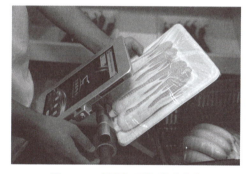

图 2-19　射频识别智能购物车

图 2-20　射频识别技术在服装、珠宝行业的应用

#### 4. 制造领域

制造业越来越注重信息化的发展，制造企业可以运用射频识别技术对制造信息进行管理，对制造执行和制造质量进行控制，对市面流通的产品进行跟踪和追溯；另外，还可以在工厂中对重要资产和仓储物品进行监测管理，让资产利用率最高。

#### 5. 公共安全领域

射频识别技术还可以用于公共场所的人员识别和安全管理，特别是针对大型的群体活动、展会、演唱会等。现在许多国家的电子护照、我国的第二代身份证等电子证件都通过射频识别技术加强对个人身份信息的识别以加强安全管理。

### （二）应用案例

#### 1. 射频识别技术在仓储管理中的应用案例

仓储管理的多元化需求将对仓储管理重新进行优化与定义，将有越来越多的新技术应用在仓储管理的各个环节。射频识别技术的自动化数据采集功能成为仓储管理的新技术手段，仓库到货检验、入库、出库、调拨、移库移位、库存盘点等各作业环节都将实现精准的数据采集，从而促进仓储作业信息自动化、数字化、实时化的发展，并对降低仓储管理的运营成本起到至关重要的作用。

出入仓库数据由仓管员逐条手工录入，这种仓库管理作业方式不但工作量大，而且工作效率低，甚至许多出入库数据不能及时在系统中得到更新，人们无法了解物料在仓库中的分布状态及仓库的仓储能力，工人在摆放和领取物料时，没有科学系统的指导，可能导致物料摆错位置或者物料领取错误甚或丢失的现象。

射频识别技术具有安全性高、读取速度快、穿透性强和存储空间大等特点。在货物入库环节，将托盘与托盘上的货物信息关联（简称货托关联），并保证货托关联的实时性及其与实物的一致性；对整托盘到货进行整托盘扫描，提高入库扫描的效率。同时，建立基于货托关联的托盘成品物流跟踪，提高运行效率，与打码到条项目的"三扫"工作紧密结合，从而提高分拣领用出库的效率。射频识别仓储管理系统示意如图 2-21 所示。

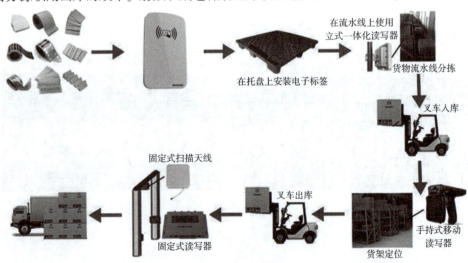

**图 2-21 射频识别仓储管理系统示意**

射频识别技术对入库、出库、移库、库存盘点等各个作业环节的数据进行自动化的数据采集，为仓储管理数据的及时性、准确性提供了强有力的保障。

实际仓储管理一般从入库、库存管理、出库三个环节展开工作。

1）入库环节

通过仓库入口处的射频识别自动感应门禁设备，识别商品上的电子标签（为每件入库商品绑定电子标签），在数据库中找到相应物品的信息并自动输入仓储管理系统中，系统记录入库信息并进行核实，若合格，则录入库存信息；若有错误，则系统提示错误信息并发出报警信号，然后自动禁止其入库。

2）库存管理环节

传统仓储管理在商品入库后的检查、管理和监控等环节往往耗费巨大的人工工作量，且信息难以保证准确。通过射频识别系统，可对分类的商品进行定期的盘查，分析商品库存变化情况，并在仓库平台中及时进行数据化呈现。当商品出现移位时，通过射频识别系统自动采集商品的电子标签，在数据库中找到对应信息，并将信息自动录入仓库管理系统中，记录品名、数量、位置等信息，核查是否出现异常情况，若出现异常情况即时警报，从而提高仓库商品的安全性。

3）出库环节

在出库环节中，按出库订单要求，借助射频识别系统，扫描货物和货位的电子标签，在确认出库商品的同时更新库存。当商品到达出库口通道时，射频识别系统将自动读取电子标签，并在数据库中调出对应的信息，与出库订单信息进行对比，若正确即可出库，商品的库存量相应减除；若出现异常，仓储管理系统便出现提示信息，以方便工作人员进行即时的安全检查和异常处理。

射频识别仓储管理是在现有仓储管理中采用射频识别技术，通过射频识别技术对仓库各个作业环节的数据进行自动化数据采集，以确保企业及时准确地掌握库存的真实数据。射频识别仓储管理提高了仓储管理的效率、透明度和真实度，对降低运营成本起到了非常重要的作用。

**2. 射频识别技术在服装行业的应用案例**

李维·斯特劳斯（Levi Strauss，牛仔裤品牌 Levi's 的创始人）于 19 世纪后期为旧金山一带的牛仔、探矿者和农民发明了第一批牛仔裤作为他们的工装裤。Levi's 在射频识别技术的应用上领先全球其他服装企业，它计划为其全球门店都将配备超高频电子标签，从而实现高效的门店库存管理。

1）客户痛点：门店库存难以匹配客户需求

以 Levi's 的牛仔裤产品为例，不同的剪裁、颜色、长度以及尺寸排列组合出大量的单品型号。通常，女士牛仔裤约有 120 种选择，男士牛仔裤也有 80 余种选择。在传统方式下，库存盘点的效率和准确度的提升都已达到了瓶颈。这导致了门店普遍存在一些问题：客户经常在当前门店找不到理想的款式，或者产品脱销后没有及时触发门店的补货机制。

2）射频识别技术解决痛点

（1）20 分钟实现超过 98% 的库存盘点精准率。

Levi's 从 2016 年就开始探索借助射频识别技术迎接门店端所面临的一系列挑战。在充分的测试和评估后，Levi's 从 2018 年开始将射频识别技术推广运用到其全球门店的计划。

目前，Levi's 所有美国门店都已经应用了射频识别技术，共计达到 5 000 万件单品。射频识别技术在欧洲门店的推广普及也在全速进行中，紧接着，亚洲门店的实施项目也将启动。

艾利丹尼森为 Levi's 射频识别项目提供了所有的预编码标签，从生产端开始，赋予每件单品独一无二的数字身份。通过射频识别技术，缩短整个门店的库存盘点时间至 20 分钟以内，使门店每天可以完成两次完整库存盘点，且平均库存盘点精准率超过 98%。

（2）射频识别技术助力销售增长。

通过射频识别技术，Levi's 能更好地向客户出售其所心仪的产品，从而完成销售。Levi's 的相关负责人表示："近 100% 的库存盘点精准率帮助挖掘了新的销售潜力。对于已经应用了射频识别技术的门店，其平均业绩增长达到了 5%。更重要的是，射频识别技术的实施可以集成全渠道购物和自助服务终端等更多功能。"

如果某件商品确实不在该门店出售或已经断货，店员可通过平板电脑向客户推荐相似的款式，或者从其他门店调货，直接配送到当前门店甚至客户家里。

Levi's 的相关负责人表示："射频识别技术正在成为标准。在货物贸易中，客户和产品应该是重点。射频识别技术的实施推动了这一目标的实现。员工将成为数字购物专家，更好地向客户推荐他们或许尚未有机会亲手接触的产品。没有射频识别技术的零售业将没有未来。"

---

**素养提升**

### 数字人民币重磅功能上线！最新体验来了！

数字人民币是中国人民银行发行的数字形式的法定货币，主要用于满足公众对数字形态现金的需求。

无网无电支付功能已在数字人民币 App 上线；同时，在部分安卓手机用户的数字人民币 App 硬钱包"支付设置"模块中新增"无网无电支付"入口。

基于 NFC 技术的无网无电支付功能，即使用户手机因电量耗尽自动关机，仍可在一定时间内使用"碰一碰"收款终端完成支付，进一步拓展了数字人民币的使用场景，满足了用户在更多场景下的支付需求，有利于数字人民币的推广和普及。

2023 年 1 月，华为 Mate40、荣耀 70 等多款安卓机型将数字人民币无网无电支付功能正式被投入使用。

（资料来源：《中国基金报》）

---

**知识链接**

### 满帮推出 ETC 线上自助办理　助力物流行业提质增效

公路货运行业承担着全社会 70% 以上的货物流转量，是畅通产业链/供应链、保障社会经济持续稳定发展的重要一环。对于"如何进一步提升公路货运行业的通行效率"这个问题，数字货运平台满帮集团进行了探索。

据悉，早在 2019 年，国家发展改革委和交通运输部就联合发布了《加快推进高速公路电子不停车快捷收费应用服务实施方案》，加快对收费站 ETC 车道的改造，大力推广车辆 ETC 的安装与应用，大幅提高了车辆通行效率。

然而，笔者通过走访发现，虽然很多收费站建成了 ETC 车道，但不少货车司机依然选择走人工通道。究其原因，主要是 ETC 办理流程过于烦琐，不管在银行办理还是在高速收费站办理，都需要填写各种资料，费时费力。

针对货车司机担心的这些问题，数字货运平台满帮集团推出了线上自助办卡功能，货车司机可通过"运满满""货车帮"App 在线自助办理 ETC，只需在手机上填写资料就能完成申请，申请成功后设备和电子标签直接包邮到家，让货车司机省心省事省时。此外，对于首次完成线上自助申请的用户，满帮还给出"80 元券包"的优惠政策，可直接用于 ETC 充值，抵扣高速通行费。

"近年来，满帮始终致力于货车领域的 ETC 推广安装工作，将国家给予公路货运行业的利好政策依托 ETC 业务不断下沉，让更多货车司机享受政策红利。"满帮 ETC 业务相关负责人介绍，他们还在积极筹备支持接口充电、高速抬杆反应更加灵敏的新一代 ETC 产品上线，"做卡友放心的 ETC 产品"，不断提升货车司机群体的高速通行体验，助力物流行业提质增效。

（资料来源：人民网）

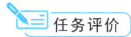

**任务要求：** 在射频识别智能实训管理系统中完成射频识别阅读器与天线的安装、电子标签的定义、仓储资产管理实训任务。

**实施步骤如下。**

（1）完成射频识别天线的安装与设置。

（2）设置阅读器，完成货物的电子标签定义。

（3）登录射频识别智能实训管理系统，完成货物入库信息指令，并将货物存放在展柜中的指定储位。

（4）登录射频识别智能实训管理系统，完成货物出库信息指令，并将货物从展柜指定储位取出，完成出库作业。

（5）使用射频识别手持终端，对货物的特定区域进行局部盘点。

射频识别技术用于
商品库存管理
（桌面实训）

**任务评价**

完成任务评价（表 2-11）。

表 2-11　任务评价

任务评价得分：

| 序号 | 评价项目 | 分数 | 自我评分 | 教师评分 |
|---|---|---|---|---|
| 1 | 能够准确完成射频识别天线的安装与设置 | 20 | | |
| 2 | 能够正确设置阅读器，完成货物电子标签的定义 | 20 | | |
| 3 | 能够完成货物入库信息指令，并将货物存放在展柜中的指定储位 | 20 | | |
| 4 | 能够完成货物出库信息指令，并从展柜中的指定储位取出货物，完成出库作业 | 20 | | |
| 5 | 能够使用射频识别手持终端，对货物的特定区域进行局部盘点 | 20 | | |

注：任务评价得分＝自我评分×40%＋教师评分×60%。

## 任务三　生物识别技术与应用

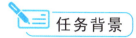

### 任务背景

近年来，叉车事故频发，无证上岗作业、违章作业、管理不善、隐患逾期未整改等安全隐患突出，血的教训敲响了安全警钟。为了进一步加强叉车安全监督管理，消除叉车安全监管工作盲区，有效预防和遏制叉车事故的发生，义乌市市场监管局加强与街道联动，积极探索智慧监管手段，研发出"物联网+"叉车，给安全漏洞打上补丁。

智慧叉车平台采集叉车从业人员的操作证信息和人脸信息，录入驾驶人员数据库。智慧叉车启动前需要进行活体"刷脸"验证，验证通过才能启动叉车。智慧叉车将人脸识别技术应用于启动叉车时所需的身份验证和行驶过程中的人员检测。身份验证不通过，无法启动叉车；在行驶过程中，不断采集摄像头图像进行人脸检测，以防止中途换人。

人脸识别技术在智慧叉车中的应用构建了叉车安全防护网，实现了"安全监管无漏洞"的目标。

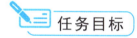

### 任务目标

**知识目标**

（1）了解生物识别技术的含义、特性和发展状况。

（2）了解生物识别技术的分类与发展趋势。

（3）了解生物识别技术的应用领域与应用案例。

**能力目标**

能够描述生物识别技术的工作流程。

**素质目标**

（1）培养安全作业意识，形成良好的物流职业素养。

（2）培养不断学习新技术的积极工作态度与创新精神。

### 知识准备

生物识别技术是一项新兴的安全技术，也是 21 世纪最有发展潜力的技术之一。生物识别技术将信息技术与生物技术结合，具有巨大的市场发展潜力。比尔·盖茨曾预言："对人类生物特征——指纹、语音、面相等进行验证的生物识别技术在今后数年内将成为 IT 产业最为重要的技术革命。"由此可见，生物识别技术的发展前景和市场潜力巨大。

随着物联网时代的到来，生物识别技术将拥有更为广阔的市场前景。

## 一、生物识别技术概述

所谓生物识别技术，是指将计算机与光学、声学、生物学和生物统计学等高科技手段密切结合，利用人体固有的生理特征（如指纹、面相、虹膜等）和行为特征（如笔迹、声音、步态等）来进行个人身份的鉴定。

### （一）鉴定方法

传统的身份鉴定方法包括身份标识物品（如钥匙、证件、自动柜员机卡等）和身份标识知识（如用户名和密码），但由于主要借助体外物，一旦证明身份的标识物品和标识知识被盗或遗忘，其身份就容易被他人冒充或取代。

生物识别技术的核心在于获取生物特征，并将之转换为数字信息，存储于计算机中，利用可靠的匹配算法来完成验证与识别个人身份的过程。

对于人类个体来说，生物识别技术是最可靠的身份认证技术，它直接使用人类的生物特征来表示每一个人的数字身份，而不同的人具有不同的生物特征，几乎不可能被仿冒和复制。生物识别技术比传统的身份鉴定方法更具安全、保密和方便。生物识别技术具有不易遗忘、防伪性能好、可随身"携带"和随时随地可用等优点。

### （二）发展状况

生物识别技术所研究的生物特征包括面相、指纹、掌纹、虹膜、视网膜、声音（语音）、体形、个人习惯（例如敲击键盘的力度和频率、签字字体、步态）等，相应的生物识别方式就有人脸识别、指纹识别、掌纹识别、虹膜识别、视网膜识别、语音识别（用语音识别可以进行身份识别，也可以进行语音内容的识别，只有前者属于生物识别技术）、步态识别、键盘敲击识别、签字识别等。人类的生物特征通常具有可以测量或可以自动识别和验证、可以遗传性或终身不变等特点，因此生物识别技术较传统认证技术存在较大的优势。

生物识别系统对生物特征进行取样，并将其转化成数字代码，进一步将这些数字代码组成特征模板。由于微处理器及各种电子元器件的成本不断下降，精度逐渐提高，所以生物识别系统逐渐应用于商业上的授权控制（如门禁、企业考勤管理系统安全认证）等领域。

我国生物特征识别行业最早发展的是指纹识别技术，基本与国外同步。我国早在20世纪80年代初就开始了研究，并掌握了核心技术，产业发展相对比较成熟。我国对于静脉识别、人脸识别、虹膜识别等生物识别技术的研究则在1996年以后。1996年，谭铁牛先生开辟了基于人类生物特征的身份鉴别等国际前沿领域新的学科研究道路，从此开始了我国对静脉、面像、虹膜等生物特征识别领域的研究。

### （三）特性

由于人体特征具有不可复制的独一性，所以利用生物识别技术进行身份认定安全、可靠、准确。生物识别技术产品均借助现代计算机技术实现，很容易配合计算机和安全、监控、管理系统整合，实现自动化管理。比如，人脸识别门禁系统具有唯一、简单方便、非接触等特点。

（1）唯一：每个人都有一张脸，而且每个人的面相都不一样，很难被模仿，因此人脸识别的安全性更高。

（2）简单方便：使用者无须额外携带卡片，识别速度快，操作方便。

（3）非接触：使用者无须与设备接触，不用担心由于接触而传染各种病。

人脸识别门禁系统由人脸识别终端、门禁控制器、门铃、电锁、实时监控装置、门禁考勤系统组成。其通过人脸识别门禁一体机来捕捉使用者的人脸信息，并将捕捉到的人脸信息与系统数据库中预先录入的人脸模板进行快速比对。如果匹配，则比对成功，系统发出开门指令，同时可形成记录。如果匹配失败，系统就会自动拒绝开门放行，并形成记录。无论人脸比对的结果如何，系统都会在数据库中记录使用者的人脸信息，以方便后期的查找、追踪。

人脸识别门禁系统准确度高，安全可靠，自动统计功能强大，高效、快捷，快速通过率高。

人脸识别准确率受到环境条件如光线、识别距离等多方面因素的影响。另外，当个人通过化妆、整容对面部进行一些改变时也会影响人脸识别的准确性。这些问题都是人脸识别相关设备生产企业有待突破的技术问题。比如，可以采用虹膜识别技术进行身份认定。

人的眼睛由巩膜、虹膜、瞳孔晶状体、视网膜等部分组成。虹膜在胎儿发育阶段就形成了，在整个生命历程中都保持不变。这决定了虹膜特征的唯一性，也决定了虹膜的唯一性。因此，每个人的虹膜都可以作为身份识别的根据。

相关数据显示，虹膜识别错误的可能性为 1/1 500 000。虹膜识别的准确率是指纹识别的 30 倍，而虹膜识别又属于非接触式的识别，使用起来方便高效。虹膜识别还具有稳定性、不可复制性等特点，其综合安全性能占据绝对的优势，安全等级是很高的。

目前，虹膜识别技术凭借其超高的精确性和便捷性被广泛应用于医疗、安检、安防、工业控制等领域。

生物识别技术是目前很方便与安全的认证识别技术。随着生物识别技术逐渐进入成熟期，其今后在广度和深度两方面有望迎来高速增长的局面。

## 二、生物识别技术的分类

现在已经出现了许多生物识别技术，如指纹识别、手掌几何学识别、虹膜识别、视网膜识别、人物识别、签名识别、声音识别等，但其中一部分技术含量高的生物识别技术还处于试验阶段。随着科学技术的飞速进步，将有越来越多的生物识别技术应用到实际生活中。

### （一）指纹识别

指纹是指人的手指末端正面皮肤上凹凸不平的纹线，由于指纹具有终身不变性、唯一性，所以指纹识别几乎成为生物识别的代名词。纹线的起点、终点、结合点和分叉点，称为指纹的细节特征点。指纹识别即通过比较不同指纹的细节特征点来进行鉴别。由于每个人的指纹不同，即使同一人的手指上的指纹也有明显区别，所以指纹可用于身份鉴定。目前，世界各地的警察部门已经广泛采用了指纹自动识别系统。

实现指纹识别有多种方法。有些是比较指纹的局部细节；有些是直接通过全部指纹特征进行识别；还有一些更独特的方法，如利用指纹的波纹边缘模式进行识别。在所有生物识别技术中，指纹识别技术是当前应用最为广泛的一种技术。其在刑侦、门禁、金融、社保、户籍等领域广泛应用。

### （二）手掌几何学识别

手掌几何学识别就是通过测量使用者的手掌和手指的物理特征来进行识别，高级的手掌几何学识别产品还可以识别三维图像。手掌几何学识别技术不仅性能好，而且使用比较方便。手掌几何学识别技术的准确度可以非常高，还可以灵活地适应相当广泛的使用要求。手形读取器使用的范围很广，而且很容易集成到其他系统中，成为许多生物识别项目中的首选设备。

### （三）语音识别

语音识别就是通过分析使用者的语音的物理特性来进行识别。如今，虽然已经有一些语音识别产品进入市场，但使用起来还不太方便，这主要是因为传感器和人的语音可变性都很大。另外，相对于其他生物识别技术，语音识别技术的使用也比较复杂，在某些场合中显得很不方便。

### （四）视网膜识别

视网膜识别就是使用光学设备发出的低强度光源扫描视网膜上的独特图案来进行识别。相关证据显示，视网膜扫描是十分精确的，但它要求使用者注视接收器并聚焦于一点。这对于戴眼镜的人来说很不方便，而且与接收器的距离很近也让人不太舒服。因此，尽管视网膜识别技术本身很成熟，但用户的接受度很低。该类产品虽然在 20 世纪 90 年代经过重新设计，加强了连通性，改进了用户界面，但仍然属于一种非主流的生物识别产品。

### （五）虹膜识别

虹膜识别是与眼睛有关的生物识别技术中对人产生较少干扰的技术。它使用的是十分普通的照相机元件，而且不需要用户与相关设备接触。虹膜扫描设备在操作的简便性和系统集成度方面没有优势，希望未来的新产品能在这些方面有所改进。

### （六）签名识别

签名识别技术具有其他生物识别技术所没有的优势。实践证明，签名识别技术的准确度是相当高的，但与其他生物识别技术相比，其相关产品数量仍然很少。

### （七）基因识别

随着人类基因组计划的开展，人们对基因的结构和功能的认识不断深化，并将其用于个人身份识别。基因代表一个人的遗传特性，永不改变的指征。

据报道，采用智能卡的形式存储个人基因信息的基因身份证已经在中国的四川、湖北等地出现。

制作基因身份证，首先要取得有关的基因并进行化验，选取特征位点（DNA 指纹），然后载入计算机存储库。使用基因身份证后，医生及有关的医疗机构等可利用智能卡阅读器阅读使用者的病历。

基因识别技术是一种高级的生物识别技术，但目前还不能做到实时取样和迅速鉴定，这在某种程度上限制了它的广泛应用。

### （八）静脉识别

静脉识别技术是使用近红外线读取静脉模式，与已存储的静脉模式比对来进行身份识别的一种生物识别技术。人类手指中流动的血液可以吸收特定波长的光线，使用特定波长的光线对手指进行照射，可以得到手指静脉的清晰图像。利用这一科学特征，人们可以对获取的图像进行分析、处理，从而得到手指静脉的生物特征，再将手指静脉的生物特征与事先注册的手指静脉的生物特征进行比对，从而确认使用者的身份。

静脉识别系统就是首先通过静脉识别仪取得个人静脉分布图，通过静脉分布图依据专用比对算法提取特征值，通过红外线 CCD 摄像头获取手指、手掌、手背的静脉图像，将静脉图像存储在计算机系统中。进行比对时，从静脉图像中提取特征值，运用先进的滤波、图像二值化、细化手段与存储在主机中的静脉图像特征值比对后，采用复杂的匹配算法对静脉图像特征值进行匹配，从而对个人进行身份鉴定。

目前，将静脉识别产品嵌入门禁控制系统的新一代门禁控制产品日趋成熟。为了谋求门禁系统的智能化发展，国内拥有静脉识别技术的企业整装待发。另外，人们还在此基础上开发出了适合中国市场的系列产品，并成功应用到监狱、计划生育、煤矿、信息安全、金融、教育、社保等行业或部门。与此同时，众多门禁生产企业正依靠引入静脉识别技术为门禁市场开辟蓝海。

### （九）步态识别

步态识别技术是一种使用摄像头采集人体行走过程的图像序列，进行处理后同存储的数据进行比较来达到身份识别目的的技术。中国科学院自动化研究所已经对步态识别技术进行了一定程度的研究。步态识别技术具有其他生物识别技术所不具有的独特优势，即在远距离或低视频质量情况下的识别潜力。步态识别主要是针对含有人体的运动图像序列进行分析处理，通常包括运动检测、特征提取、处理和识别分类 3 个阶段。

### （十）人物识别

人物识别技术特指通过分析比较人物视觉特征信息进行身份鉴别的计算机技术。广义的人物识别包括构建人物识别系统的一系列相关过程，如人物图像采集、人物定位、人物识别预处理、身份确认以及身份查找等；狭义的人物识别特指通过人物特征信息进行身份确认或者身份查找。

作为物联网技术的重要组成部分，生物识别技术的应用处于快速增长阶段。生物识别技术自 2001 年起在全球迅速发展。主要生物识别技术的对比见表 2–12。

表 2-12　主要生物识别技术的对比

| 对比因素 | 指纹识别 | 人脸识别 | 虹膜识别 | 语音识别 | 签名识别 |
|---|---|---|---|---|---|
| 易用性 | 高 | 高 | 中 | 高 | 高 |
| 影响因素 | 干燥、灰尘、年龄 | 光线、面部特征变化 | 光线等 | 噪声、气候、身体状况 | 签名习惯的改变 |
| 准确性 | 高 | 高 | 极高 | 中 | 中 |
| 接受程度 | 高 | 高 | 中 | 高 | 中 |
| 安全等级 | 高 | 较高 | 极高 | 中 | 中 |
| 长期稳定性 | 高 | 高 | 高 | 中 | 中 |

### 三、生物识别技术的发展趋势

从目前生物识别技术的应用来看，指纹识别技术的应用占比较高，人脸识别、语音识别技术的应用占比在逐渐提升。以人脸识别技术为例，近些年人脸识别技术的准确率在不断提升，目前在部分场景中的识别率可达到 99% 以上，其在安防和金融行业已经落地使用，并且新的行业需求呈现爆发式增长态式。

未来，生物识别技术将在商业应用、公共项目应用、公共与社会安全应用、个人生活应用、身份证应用等各领域落地使用。包括信息、制造、教育等多个行业都开始大规模应用生物识别技术。另外，以手机为代表的个人生物识别技术的应用也有非常好的前景。

### 四、生物识别技术应用领域与应用案例

#### （一）生物识别签证的应用案例

最新消息，为了顺应形势发展，我国将生物识别技术引入签证领域。生物识别技术在签证领域的应用，不仅提高了签证颁发工作的质量和水平，也优化了签证的防伪性能。相关业内人士表示，要在确保维护国家和公民安全的同时做好保障正常人员出入境工作，签证载体和可识别信息的技术变革势在必行。

生物识别签证是当前世界签证技术发展的新趋势。例如，美、英、法等国家在为本国公民签发具有生物特征信息的电子护照的同时，开始对外国公民颁发生物识别签证。生物识别签证正在被越来越多的公众所接受。所谓生物识别签证，就是将生物识别技术引入签证领域，在颁发签证或入出境边防检查过程中采集和存储人体生物特征信息数据，通过有效比对，更加准确、快捷地鉴别出入境人员身份。现今，相关的配套法律法规已在讨论、制订之中，相关的技术、研发工作也已开始准备。我国的生物识别签证值得期待。

#### （二）"打卡"的应用案例

"打卡"应用利用了生物识别技术中的虹膜识别技术。据统计，该技术现今已在矿山安

全生产、监狱犯人管理、银行金库门禁等众多领域应用。只要将双眼对准屏幕，机器就记下了虹膜特征密码，就完成了注册环节。在此后的识别环节中，戴眼镜的人员可不摘下眼镜，只要将眼睛对准屏幕即可完成比对识别，使用者的身份信息与"打卡"时间立即显示在屏幕上。

中国科学院自主研发的虹膜识别产品已被 20 多个省市的近百万用户注册使用，每天完成几十亿次虹膜比对，占据了国内虹膜识别市场 70% 的份额。

从近距离识别到远距离识别，从对静止的人识别到对运动的人进行识别，然后发展到针对大量人群的识别，虹膜识别技术的发展已经清晰描绘了科技研究路线图。

### （三）白云机场的应用案例

自 2020 年 8 月 5 日起，广州白云机场在一号航站楼（T1）推出国内航班"One ID"服务，旅客可刷脸办理自助值机、自助托运等业务，通过二代身份证购买机票且乘坐国内航班的旅客可进行相关体验。这是继"一证通关""易安检"等举措推出后，广州白云机场智慧机场建设取得创新突破的又一新成果（图 2-22）。

图 2-22　人脸值机服务设备

据悉，白云机场"One ID"服务不同于现行部分机场通过身份证后台绑定等技术所实现的"刷脸"登机，而是严格按照国际航空运输协会（IATA）的"One ID"理念，以旅客面部特征信息为核心，将旅客身份信息与出行信息结合，为每一位旅客建立一个信息数据库。作为出行全流程唯一识别标识的、真正的"一张脸"就是 ID（身份识别标识）。当旅客办理自助值机、自助托运、安检、登机等手续时，系统提取旅客面部特征并关联旅客行程信息，校验通过后将自动放行。此方式在保证安全的同时，减少了证件查验次数，大大优化了旅客出行体验。

作为民航局首批"智慧机场"建设示范单位，广州白云机场的信息化建设一直走在全国机场前列。为简化旅客乘机流程，优化出行体验，广州白云机场还将持续深化"One ID"服务，逐步探索并实现"One ID"服务国际化。

## 素养提升

### 生物识别技术在物流领域的应用

汽车运输、铁路运输、航空运输已开始使用生物识别技术来确保运输员工的安全及运输货品的准确性。货品可通过射频识别技术进行核对，通过生物识别技术可筛选运输员工的信息，确保正确的身份，针对特别重大的、价值不菲的货品，货品与运输员工信息联动，以防止运输员工监守自盗。

在未来，生物识别系统和射频识别系统将用于跟踪货物和组成物流网络，实现一对一和一对多的物品跟踪管理，用最科学、最快捷的方法实现交通运输及物流的智能化管理。

以生物识别技术在汽车领域的应用为例，美国市场研究咨询机构透明市场研究（Transparency Market Research）公司的调查报告称：预计在2024年，全球生物识别市场规模将达到308亿美元。然而，传统的汽车领域目前正沿着智能汽车、无人驾驶、车联网等新兴技术方向迈进。生物识别技术将更广泛地参与汽车领域的应用和创新，传统汽车厂商、汽车电子企业、半导体厂家、金融支付厂商在汽车领域的安全、支付、辅助驾驶等方面都开始利用生物识别技术展开了一系列新的动作。

例如，指纹识别和人脸识别技术在个性化和安全认证方面给汽车领域带来创新。

（1）指纹识别技术。可以使用指纹识别技术提高汽车安全等级，给汽车注入生物识别元素——用户只用车钥匙无法起动汽车，还需要进行指纹认证。这样的双重认证会大幅提升汽车的防盗性能。

（2）人脸识别技术。车内有一个摄像头，用户进行人脸识别后连接到信息系统，判断具体的驾驶员，从而对汽车进行个性化配置，如座椅和镜子的位置、音乐、温度和导航等。此外，人脸识别技术还能根据驾驶员的面部状态判断驾驶员是足够警觉还是昏昏欲睡（走神），以达到辅助驾驶的目的。

## 行业资讯

### "刷脸"领域多，加把"安全锁"（节选）

刷脸支付、刷脸开门、刷脸乘车……如今，人脸识别技术被广泛应用于安防、金融、医疗、支付等诸多领域，给人们的生活带来便利。但人脸识别技术也存在信息泄露、信息滥用等问题，如何让"刷脸"既方便快捷又安全合规，成为业界关注的话题。

人脸信息是具有唯一性的生物识别信息，如果被不法分子窃取、利用，即破解人脸识别的验证程序，侵害他人的隐私、名誉和财产，则后果很严重。因此，人脸信息的采集与管理需要严格规范。

对于如何防止人脸识别技术过度滥用，中国政法大学传播法研究中心副主任朱巍认为，人脸识别不单是涉及人的面相，还关联着个人财产、家庭关系等信息。用户隐私协议不能仅用一句话简单说明要保护个人信息，还应当说明在什么情况下采集个人信息、如何采集、如何使用、如何删除等内容。

为了支持、规范行业发展，国家有关部门出台了《信息安全技术人脸识别数据安全要求》等政策。与此同时，社会力量在积极推进人脸识别技术的合规使用。例如，中国信息通信研究院云计算与大数据研究所发起"可信人脸应用守护"计划，联合多家企业、法律机构和学术团体，共同推动人脸识别行业合规发展。专家认为，人脸识别技术在众多应用场景中让用户受益，既要推动人脸识别技术不断创新进步，也要把人脸信息的安全放在重要位置。

(资料来源：《人民日报（海外版）》)

## 任务实施

（1）分组讨论：阐述生物识别技术的种类，并给出应用案例。

（2）小组作业：列举生物识别技术的应用案例2~3个，并说明生物识别技术在不同场合中的应用特点。

## 任务评价

完成任务评价（表2-13）。

表2-13 任务评价

任务评价得分：

| 序号 | 评价项目 | 分数 | 自我评分 | 教师评分 |
|---|---|---|---|---|
| 1 | 能够准确阐述生物识别技术的种类 | 20 | | |
| 2 | 能够准确描述生物识别技术的应用案例 | 20 | | |
| 3 | 能够搜集生物识别技术的应用案例2~3个 | 20 | | |
| 4 | 能够说明生物识别技术在不同场合中的应用特点 | 20 | | |
| 5 | 汇报时思路清晰、语言生动、声音响亮 | 20 | | |

注：任务评价得分=自我评分×40%+教师评分×60%。

## 巩固提高

**一、单选题**

1. 在商品条码6901285991219中，99121是（    ）。

A. 国家代码　　　　B. 产商代码　　　　C. 产品代码　　　　D. 校验码

2. ISBN码主要用于（    ）领域。

A. 物流　　　　B. 商品零售　　　　C. 图书管理　　　　D. 生产制造

3. （    ）用于存储物体的识别信息。

A. 电子标签　　　　B. 阅读器　　　　C. 天线　　　　D. 应用软件系统

4.（　　）结构简单，成本低，故障率低，使用寿命较长。

A. 无源电子标签 　　　　　　　　　　B. 有源电子标签

C. 半有源电子标签 　　　　　　　　　D. 超高频电子标签

5.（　　）在一些需要高性能、大范围的射频识别应用场合里必不可少。

A. 无源电子标签 　　　　　　　　　　B. 有源电子标签

C. 半有源电子标签 　　　　　　　　　D. 高频电子标签

6. 射频识别技术可进行高速移动读取，这体现了它的（　　）。

A. 读取数量 　　　　　　　　　　　　B. 读取方便性

C. 高速读取 　　　　　　　　　　　　D. 隐蔽安全性

7. 射频识别技术可在恶劣环境下使用，这体现了它的（　　）。

A. 信息容量　　　　B. 读取能力　　　　C. 读取方便性　　　　D. 坚固性

8. 下列属于生物识别技术的是（　　）。

A. 射频识别技术　　　B. 条码识别技术　　　C. 笔迹识别技术　　　D. 雷达识别技术

9. 每个人都有一张脸，面相很难被模仿，这体现了人脸识别技术具有（　　）的特点。

A. 唯一性　　　　　B. 简单方便　　　　C. 自然性好　　　　D. 非接触性

10.（　　）技术的准确性极高。

A. 指纹识别　　　　B. 语音识别　　　　C. 人脸识别　　　　D. 虹膜识别

## 二、多选题

1. 物流信息采集和识别技术主要包括（　　）。

A. 扫描技术 　　　　　　　　　　　　B. 条码技术

C. 无线射频技术 　　　　　　　　　　D. 生物识别技术

2. 条码技术具有（　　）等特点。

A. 成本低　　　　　B. 识别快速　　　　C. 出错率低　　　　D. 准确

3. 码制的特性有（　　）。

A. 唯一性　　　　　B. 先进性　　　　　C. 永久性　　　　　D. 无含义

4. 一维条码信息由（　　）组成。

A. 国家代码　　　　B. 产商代码　　　　C. 产品代码　　　　D. 校验码

5. 条码技术的应用场景主要包括（　　）。

A. 零售 　　　　　　　　　　　　　　B. 物流

C. 医疗卫生 　　　　　　　　　　　　D. 食品安全追溯

6. 一套完整的射频识别系统由（　　）3 个部分所组成。

A. 阅读器　　　　　B. 电子标签　　　　C. 计算机　　　　　D. 应用软件系统

7. 电子标签可根据其内部的（　　）进行分类。

A. 材料 　　　　　　　　　　　　　　B. 有无电源供电

C. 标签工作频率 　　　　　　　　　　D. 耐用性

8. 依据电子标签内部有无电源供电，电子标签可以分为（　　）。

A. 无源电子标签　　B. 有源电子标签　　C. 半有源电子标签　　D. 高频电子标签

9. 生物识别技术包括（　　）。

A. 人脸识别技术　　B. 指纹识别技术　　C. 掌纹识别技术　　　D. 虹膜识别技术

10. 人脸识别技术的特点包括（　　　　）。

A. 唯一性　　　　　B. 简单方便　　　　　C. 自然性好　　　　　D. 非接触性

### 三、判断题

1. 条码是将宽度相等的多个黑条和白条，按照一定的编码规则排列，用来表达一组信息的图形标识符。（　　　）

2. 扫描器是条码信息采集设备。（　　　）

3. 二维条码比一维码的信息容量大。（　　　）

4. 二维条码一般应用于信息获取、账号登录、广告推送、网站跳转、防伪溯源、优惠促销、会员管理、手机电商购物、手机支付等场合。（　　　）

5. 一维条码即使发生破损也可以读取。（　　　）

6. 条码申请由中国物品编码中心审核。（　　　）

7. 射频识别技术的基本原理是利用射频信号和空间耦合（电感或电磁耦合）或雷达反射的传输特性，实现对被识别物体进行自动识别。（　　　）

8. 有源电子标签的有效识别距离通常较小，一般用于近距离的接触式识别。（　　　）

9. 无源电子标签的典型应用包括公交卡、二代身份证、食堂餐卡等。（　　　）

10. 有源电子标签在高速公路电子不停车收费系统中发挥着不可或缺的作用。（　　　）

11. 在通常情况下，半有源电子标签产品处于休眠状态，仅为电子标签中保持数据的部分供电，因此耗电量较小，可维持较长时间。（　　　）

12. 条码的使用寿命比射频识别电子标签的使用寿命长。（　　　）

13. 射频识别电子标签相对于普通条码标签价格高，在很大程度上降低了市场上使用射频识别技术的积极性。（　　　）

14. 射频识别技术面临的安全性问题主要表现为射频识别电子标签信息被非法读取和恶意篡改。（　　　）

15. 低频射频识别系统与超高频射频识别系统相比，具有识别距离大、数据交换速度高、伪造难度高等特点。（　　　）

16. 射频识别技术促进了仓储作业信息自动化、数字化、实时化的发展，并对降低仓储管理的运营成本起到至关重要的作用。（　　　）

### 四、简单题

1. 一维条码与二维条码的区别有哪些？

2. 条码技术的优、缺点分别是什么？

3. 条码技术的应用场景有哪些？

4. 条码申请程序有哪些？

5. 射频识别技术的优、缺点有哪些？

6. 简述射频识别技术的发展趋势。

7. 射频识别技术的应用领域有哪些？

8. 生物识别技术有哪些分类？

# 项目三

# 空间信息技术

## ◉ 项目简介

2020 年 7 月 31 日上午，北斗三号（Beidou 3）卫星导航系统建成暨开通仪式在北京举行。中共中央总书记、国家主席、中央军委主席习近平出席仪式，宣布北斗三号卫星导航系统正式开通。

习近平充分肯定北斗系统特别是北斗三号卫星导航系统建设取得的成就。他指出，北斗三号卫星导航系统的建成开通，充分体现了我国社会主义制度集中力量办大事的政治优势，对提升我国综合国力，对推动疫情防控常态化条件下我国经济发展和民生改善，对推动当前国际经济形势下我国对外开放，对进一步增强民族自信心、努力实现"两个一百年"奋斗目标，具有十分重要的意义。26 年来，参与北斗卫星导航系统研制建设的全体人员迎难而上、敢打硬仗、接续奋斗，发扬"两弹一星"精神，培育了新时代北斗精神。要推广北斗卫星导航系统应用，做好确保北斗卫星导航系统稳定运行等后续各项工作，为推动我国社会经济发展、推动构建人类命运共同体做出更大贡献。

北斗系统是党中央决策实施的国家重大科技工程。该工程自 1994 年启动，至 2000 年完成了北斗一号卫星导航系统的建设，至 2012 年完成了北斗二号卫星导航系统的建设。北斗三号卫星导航系统全面建成并开通服务，标志着工程"三步走"发展战略取得决战决胜，我国成为世界上第三个独立拥有全球卫星导航系统的国家。截至 2023 年 7 月，全球已有 200 余个国家和地区使用北斗系统。

## ◉ 职业素养

通过学习本项目，让学生认识我国坚持自主创新的先进航天航空及空间信息技术，增强"四个意识"，坚定"四个自信"，培养"两个维护"的政治素养，培养迎难而上、接续奋斗的精神，发扬"两弹一星"精神，为实现"两个一百年"奋斗目标而不断努力。

### ▣ 知识结构导图

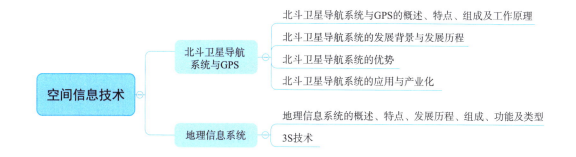

# 任务一　北斗卫星导航系统与GPS

## 任务背景

2021年5月26日，第十二届中国卫星导航年会在江西南昌召开，同期举办了第十二届中国卫星导航成就博览会（以下简称"成就博览会"）。作为我国卫星导航全产业生态链展会，成就博览会聚焦"时空数据，赋能未来"的主题，通过企业互动、学术互动、人才互动、群众互动，全面阐释"中国的北斗，世界的北斗，一流的北斗"的发展理念，展望北斗卫星导航系统未来的广阔发展前景，增强国内外相关人士对中国北斗卫星导航系统的认知。

本届成就博览会不仅能够通过线下的方式观展，还可以通过线上方式（通过手机、计算机等设备）随时随地领略和体验卫星导航科技带来的便利。

## 任务目标

**知识目标**

（1）了解北斗卫星导航系统与GPS的定义、特点、组成及工作原理。

（2）了解北斗卫星导航系统的发展背景与发展历程。

（3）掌握北斗卫星导航系统的技术发展优势。

**能力目标**

（1）能够列举全球卫星导航系统在各个行业中的应用与产业化。

（2）能够操作北斗卫星定位实训系统，完成相关调试。

**素质目标**

（1）学习我国先进的空间信息技术，增强"四个意识"并坚定"四个自信"，培养"两个维护"的政治素养。

（2）学习我国先进的空间信息技术，培养爱岗敬业、富有创新思维与创新能力的工匠精神。

📝 知识准备

全球卫星导航系统的作用是定位和导航。目前，全球有 4 个成熟的全球卫星导航系统，分别是中国的北斗卫星导航系统、美国的 GPS、俄罗斯的格洛纳斯系统与欧洲的伽利略系统。

北斗卫星导航系统是我国自主研发和建设的，它与美国、俄罗斯、欧洲卫星导航系统的兼容与互操作持续深化，让全球用户享受到多系统并用带来的好处，"中国北斗"作为国家名片持续深入人心。进入全球服务的新阶段后，北斗卫星导航系统有着广阔的前景，也面临全新的挑战。脚踏实地、行稳致远，走向全球的"中国北斗"大有可为。

## 一、北斗卫星导航系统与 GPS 简介

### （一）概述

#### 1. 北斗卫星导航系统

北斗卫星导航系统是中国着眼于国家安全和经济社会发展需要，自主建设、独立运行的卫星导航系统，是为全球用户提供全天候、全天时、高精度的定位、导航和授时服务的国家重要空间基础设施。2020 年 6 月 23 日，随着北斗三号最后一颗全球组网卫星在西昌卫星发射中心点火升空，北斗三号完成全球组网，开创了北斗卫星导航系统应用新纪元。北斗卫星导航系统作为我国重要的空间基础设施，同时服务于国防建设和民用市场、国内市场和国外市场，未来将成为一张闪亮的国家名片。

我国始终秉持和践行"中国的北斗，世界的北斗"的发展理念，服务"一带一路"的建设发展，积极推进北斗卫星导航系统国际合作。与其他卫星导航系统携手，与各个国家、地区和国际组织共同推动全球卫星导航事业发展，让北斗卫星导航系统更好地服务全球、造福人类。

2021 年 5 月 26 日，在中国南昌举行的第十二届中国卫星导航年会上，北斗卫星导航系统主管部门透露，中国卫星导航产业年均增长达 20% 以上。截至 2020 年，中国卫星导航产业总体产值已突破 4 000 亿元。预计到 2025 年，中国北斗产业总产值将达到 1 万亿元。

随着北斗卫星导航系统建设和服务能力的发展，相关产品已广泛应用于交通运输、海洋渔业、水文监测、气象预报、地理测绘、森林防火、通信系统、电力调度、救灾减灾、应急搜救等领域，逐步渗入人类社会生产和生活的方方面面，为全球经济和社会发展注入新的活力。

#### 2. GPS

GPS 是 20 世纪 70 年代由美国陆、海、空三军联合研制的新型空间卫星导航定位系统。GPS 是美国第二代卫星导航系统，它是在子午仪卫星导航系统的基础上发展起来的，采纳了子午仪卫星导航系统的成功经验。其主要目的是为陆、海、空三大领域提供实时、全天候和全球性的导航服务，并用于情报收集、核爆监测和应急通信等军事目的，是美国独霸全球战略的重要组成部分。经过 20 余年的研究和试验，耗资 300 亿美元，至 1994 年 3 月，全球覆盖率高达 98% 的 24 颗 GPS 卫星全部布设完成。

GPS 是一个全球性、全天候、全天时、高精度的导航定位和时间传递系统。作为军民两

用系统，GPS 提供两个等级的服务。近年来，美国政府为了加强其在全球卫星导航市场的竞争力，撤销对 GPS 的 SA 干扰技术，提供标准定位服务，其定位精度在双频工作时实际可提高到 20 m、授时精度提高到 40 ns，以此抑制其他国家建立与其平行的系统，并提倡以 GPS 和美国政府的增强系统作为国际使用的标准。

GPS 包括绕地球运行的 27 颗卫星（其中 24 颗运行、3 颗备用），它们均匀地分布在 6 个轨道上。每颗卫星距离地面约 1.7 万 km，能连续发射一定频率的无线电信号。只要持有便携式 GPS 接收机，无论身处陆地、海上还是空中，都能收到 GPS 卫星发出的特定信号。GPS 接收机中的计算机只要选取 4 颗或 4 颗以上 GPS 卫星发出的信号进行分析，就能确定 GPS 接收机持有者的位置。GPS 除了导航外，还具有其他多种功能，如可以监测地壳的微小移动，从而辅助预测地震；测绘人员利用它来确定地面边界；司机在迷途时通过它能找到方向；军队依靠它保证正确的前进方向。

### （二）特点

#### 1. 北斗卫星导航系统的特点

北斗卫星导航系统的建设实践，实现了在区域快速形成服务能力，逐步扩展为全球服务的发展路径，丰富了世界卫星导航事业的发展模式。

北斗卫星导航系统具有以下特点。

（1）在空间段采用 3 种轨道卫星组成的混合星座，与其他卫星导航系统相比高轨卫星更多，抗遮挡能力强，尤其在低纬度地区的性能特点更为明显。

（2）提供多个频点的导航信号，能够通过多频信号组合使用等方式提高服务精度。

（3）创新融合了导航与通信能力，具有实时导航、快速定位、精确授时、位置报告和短报文通信服务五大功能。

#### 2. GPS 的特点

GPS 是目前是最为成功的卫星导航定位系统，被誉为人类卫星导航定位技术的里程碑。归纳起来，其具有以下特点。

（1）具有全球、全天候连续不断的导航定位能力。

（2）能够实时导航，定位精度高，观测时间短。

（3）测站无须通视。

（4）可提供全球统一的三维地心坐标。

（5）仪器操作简便。

（6）抗干扰能力强、保密性好。

（7）功能多、应用广泛。

## 二、北斗卫星导航系统与 GPS 的组成及工作原理

### （一）北斗卫星导航系统的组成

北斗卫星导航系统是中国着眼于国家安全和经济社会发展需要，自主建设、独立运行的卫星导航系统，它由空间段、地面段和用户段 3 部分组成。

### 1. 空间段

北斗卫星导航系统的空间段由若干地球静止轨道卫星、倾斜地球同步轨道卫星和中圆地球轨道卫星 3 种轨道卫星组成混合导航星座。

### 2. 地面段

北斗卫星导航系统的地面段包括主控站、时间同步/注入站和监测站等若干地面站。

### 3. 用户段

北斗卫星导航系统的用户段包括其兼容其他卫星导航系统的芯片、模块、天线等基础产品，以及终端产品、应用系统与应用服务等。

### （二）GPS 的组成

GPS 由 3 个部分组成：空间部分（GPS 卫星）、地面监控系统和用户部分。GPS 卫星可以连续向用户播发用于进行导航定位的测距信号和导航电文，并接收来自地面监控系统的各种信息和命令以维持系统的正常运转。地面监控系统的主要功能是跟踪 GPS 卫星，对其进行距离测量，待确定 GPS 卫星的运行轨道及钟差改正数，进行预报后，再按规定格式编制成导航电文，并通过注入站送往 GPS 卫星。地面监控系统还能通过注入站向 GPS 卫星发布各种指令、调整 GPS 卫星的轨道及时钟读数、修复故障或启用备用件等。用户用 GPS 接收机来测定从接收机至 GPS 卫星的距离，并根据卫星星历所给出的观测瞬间卫星在空间的位置等信息求出自己的三维位置、三维运动速度和钟差等参数。目前，美国正致力于进一步改善整个 GPS 的功能，如通过 GPS 卫星间的相互跟踪来确定 GPS 卫星轨道，以减少它们对地面监控系统的依赖程度，增强 GPS 的自主性。

### （三）全球导航卫星系统的工作原理

以 GPS 为例，其定位的基本原理是根据高速运动的 GPS 卫星的瞬间位置作为已知的起算数据，采用空间距离后方交会的方法，确定待测点的位置。

事实上，GPS 接收机往往可以锁住 4 颗以上 GPS 卫星，这时，可以将 GPS 接收机按 GPS 卫星的星座分布分成若干组，每组 4 颗，然后通过算法挑选出误差最小的一组用于定位，从而提高定位精度。

由于 GPS 卫星运行轨道、GPS 卫星时钟误差，大气对流层、电离层对信号的影响，以及人为的 SA 保护政策，民用 GPS 的定位精度只有 100 m。为了提高定位精度，普遍采用差分 GPS（DGPS）技术，建立基准站（差分台）进行 GPS 观测，利用已知的基准站精确坐标与观测值对比，从而得出修正数，并对外发布。GPS 接收机收到该修正数后，与自身的观测值进行比较，消除大部分误差，得到一个比较准确的位置。试验表明，利用差分 GPS 技术，定位精度可提高到 5 m。

衡量一个全球卫星导航系统是否足够优秀，主要看它的精度、速度和灵敏度。为了更好地消除误差、提高反应速度，全球卫星导航系统会引入一些天基或陆基的辅助手段。结合辅助手段的全球卫星导航系统也被称为 A-GNSS（A 就是 Assisted，即"辅助"的意思）。

现在比较常用的方法是通过陆基的移动通信网络，传送增强改正数据以提供辅助信息，加强和加快卫星导航信号的搜索跟踪性能和速度，缩短定位时间，提高定位精度，如图 3-1 所示。

图 3-1　A-GNSS 系统架构

## 三、北斗卫星导航系统的发展背景与发展历程

### （一）发展背景

#### 1. 国际背景

1957 年 10 月 4 日，苏联成功发射了世界上第一颗人造卫星——斯普特尼克 1 号（Sputnik-1）。尽管这颗卫星的构造十分简单，却给美国海军带来了很多启示。在此之前，美国海军采用一种陆基双曲无线电导航系统对军舰进行海上定位，但其作用范围小、定位精度低且仅支持二维定位。美国海军敏锐地感知到卫星定位的优势与潜力，与美国国防部高级研究计划局共同研究海军导航定位系统并成功开发出了世界上第一个卫星导航系统——子午仪卫星导航系统。在子午仪卫星导航系统的基础上，经过 20 年的研究建设，美国完成了其全球卫星导航系统的研制工作；苏联紧追不舍，也提出了建设全球卫星导航系统的设想，并顺利完成了格洛纳斯系统的建设工作。

#### 2. 国内背景

1970 年，我国发射了第一颗人造地球卫星——东方红一号。此后，我国一直对卫星导航系统的建设进行研究、论证。但由于我国经济、技术等条件的限制，我国难以发展类似美国和苏联的全球卫星导航系统，"先区域、后全球"是最符合当时我国国情的。1983 年，以陈芳允院士为代表的专家学者提出了利用 2 颗地球同步轨道卫星来测定地面和空中目标的设想，通过大量理论和技术上的研究工作，双星定位系统的概念逐步明晰。1994 年，基于陈芳允院士的方案，我国启动了北斗卫星导航系统的建设。

### （二）发展历程

我国高度重视北斗卫星导航系统的建设发展，自 20 世纪 80 年代开始探索适合我国国情的卫星导航系统发展道路，形成了"三步走"发展策略：2000 年年底，建成北斗一号卫星导航系统，向中国提供服务；2012 年年底，建成北斗二号卫星导航系统，向亚太地区提供服务；2020 年，建成北斗三号卫星导航系统，向全球提供服务。

#### 1. 北斗一号卫星导航系统

我国在 2000 年 10 月和 12 月共发射 2 颗地球静止轨道卫星，建成北斗一号卫星导航系统并投入使用。该系统采用有源定位体制，为中国用户提供定位、授时、广域差分和短报文通信服务；2003 年，发射第 3 颗地球静止轨道卫星（该颗卫星是北斗一号卫星导航系统的备份星），它与前两颗北斗一号工作星组成了完整的北斗一号卫星导航系统，确保全天候、全天时提供卫星导航信息，进一步增强系统性能。这也标志着我国已经成为世界上第三个建立完善的全球卫星导航系统的国家。

### 2. 北斗二号卫星导航系统

2004 年 8 月，我国启动了北斗二号卫星导航系统工程建设。截至 2012 年年底，完成 14 颗卫星（5 颗地球静止轨道卫星、5 颗倾斜地球同步轨道卫星和 4 颗中圆地球轨道卫星）发射组网。北斗二号卫星导航系统在兼容北斗一号卫星导航系统技术体制的基础上增加了无源定位体制，采取广播式服务，还保留了位置报告、短报文通信服务，为亚太地区用户提供定位、测速、授时和短报文通信服务，成为国际卫星导航系统四大服务商之一。北斗二号卫星导航系统采用无源定位体制，即空间卫星接收地面运控系统上行注入的导航电文及参数，并且连续向地面用户播发卫星导航信号，地面用户接收到不少于 4 颗卫星信号后，进行伪距测量与定位解算，得到定位结果。为了保持地面运控系统各站之间、地面站与卫星之间时间同步，通过对站间和星地时间的比对观测与处理，完成地面站间和地面站与卫星间的时间同步。其分布于国土内的监测站点负责对其负责范围内的卫星进行监测，采集各类观测数据后发送至主控站，由主控站完成卫星轨道精密确定及其他导航参数确定、广域差分信息和完好性信息处理，形成上行注入的导航电文及参数。北斗二号卫星导航系统突破了区域混合导航星座构建、高精度时空基准建立的关键技术，实现了星载原子钟国产化，首次在国际上实现了混合星座区域卫星导航系统。区域系统建成后，各项技术指标均与 GPS 等国际先进水平相当。

### 3. 北斗三号卫星导航系统

在前两代星座的基础上，北斗三号卫星导航系统工程于 2009 年 12 月正式立项，研发建设工作开始冲刺和领跑。2020 年 6 月 23 日，北斗三号卫星导航系统最后一颗全球组网卫星在西昌卫星发射中心点火升空，完成全球组网。与北斗二号卫星导航系统相比，除了服务区域由区域覆盖扩大到全球覆盖外，北斗三号卫星导航系统在精度和可靠性上都有了大幅提升。其可以提供多个频点的导航信号，能够通过多频信号组合使用等方式提高精度服务。其单星设计寿命由以前的 8 年延长至 12 年，并首次提出了"保证服务不间断"指标。

北斗三号卫星导航系统空间段采用 3 种轨道卫星组成的混合星座，与其他全球卫星导航系统相比高轨卫星更多，抗遮挡能力更强，尤其在低纬度地区该特点更为突出。我国很难像美国那样，在全球大范围建立地面站。为了保证国内地面站也能对境外卫星进行操控，卫星星座首次配备了相控阵星间链路（在卫星之间搭建的通信测量链路），解决了境外监测卫星的难题，这样能对运行在境外的卫星进行监测、添加功能，并可实现卫星之间的双向精密测距和通信，从而能够进行多星测量，自主计算并修正卫星的轨道位置和时钟系统，大大减少对地面站的依赖，提高整个系统的定位和服务精度。

北斗三号卫星上的原子钟性能对整个北斗三号卫星导航系统的性能有重要影响。北斗三号卫星采用我国新型高精度铷原子钟和氢原子钟。与北斗二号卫星上的原子钟相比，北斗三号原子钟的体积、质量方面大幅减小，频率的稳定度提高了 10 倍，综合指标达到国际领先水平。原子钟技术的进步，直接推动了北斗卫星导航系统的定位精度由 10 m 量级向 1 m 级跨越，测速和授时精度同步提高一个量级。另外，北斗三号卫星导航系统还在世界上首次实现了卫星的在轨自主完好性监测功能，这一功能对民航、自动驾驶等生命安全领域用户来说具有极高的实用价值。

北斗卫星发射列表见表 3-1。

表 3-1 北斗卫星发射列表

| 发射时间 | 火箭型号 | 卫星编号 | 卫星类型 | 发射地点 |
|---|---|---|---|---|
| 2000 年 10 月 31 日 | 长征三号甲 | 北斗-1A | 北斗一号 | 西昌 |
| 2000 年 12 月 21 日 | 长征三号甲 | 北斗-1B | | |
| 2003 年 05 月 25 日 | 长征三号甲 | 北斗-1C | | |
| 2007 年 02 月 03 日 | 长征三号甲 | 北斗-1D | | |
| 2007 年 04 月 14 日 | 长征三号甲 | 第一颗北斗卫星（M1） | 北斗二号 | |
| 2009 年 04 月 15 日 | 长征三号丙 | 第二颗北斗卫星（G2） | | |
| 2010 年 01 月 17 日 | | 第三颗北斗卫星（G1） | | |
| 2010 年 06 月 02 日 | | 第四颗北斗卫星（G3） | | |
| 2010 年 08 月 01 日 | 长征三号甲 | 第五颗北斗卫星（I1） | | |
| 2010 年 11 月 01 日 | 长征三号丙 | 第六颗北斗卫星（G4） | | |
| 2010 年 12 月 18 日 | 长征三号甲 | 第七颗北斗卫星（I2） | | |
| 2011 年 04 月 10 日 | | 第八颗北斗卫星（I3） | | |
| 2011 年 07 月 27 日 | | 第九颗北斗卫星（I4） | | |
| 2011 年 12 月 02 日 | | 第十颗北斗卫星（I5） | | |
| 2012 年 02 月 25 日 | 长征三号丙 | 第十一颗北斗卫星 | | |
| 2012 年 04 月 30 日 | 长征三号乙 | 第十二、第十三颗北斗卫星（组网星） | | |
| 2012 年 09 月 19 日 | 长征三号乙 | 第十四、第十五颗北斗卫星（组网星） | | |
| 2012 年 10 月 25 日 | 长征三号丙 | 第十六颗北斗卫星 | | |
| 2016 年 03 月 30 日 | 长征三号甲 | 第二十二颗北斗卫星（备份星） | | |
| 2016 年 06 月 12 日 | 长征三号丙 | 第二十三颗北斗卫星（备份星） | | |
| 2018 年 07 月 10 日 | 长征三号甲 | 第三十二颗北斗卫星（备份星） | | |
| 2019 年 05 月 17 日 | 长征三号丙 | 第四十五颗北斗卫星（备份星） | | |
| 2015 年 03 月 30 日 | 长征三号丙 | 第十七颗北斗卫星 | 北斗三号试验系统 | |
| 2015 年 07 月 25 日 | 长征三号乙 | 第十八、第十九颗北斗卫星 | | |
| 2015 年 09 月 30 日 | 长征三号乙 | 第二十颗北斗卫星 | | |
| 2016 年 02 月 01 日 | 长征三号丙 | 第二十一颗北斗卫星 | | |
| 2017 年 11 月 05 日 | 长征三号乙 | 第二十四、第二十五颗北斗卫星 | 北斗三号 | |
| 2018 年 01 月 12 日 | 长征三号乙 | 第二十六、第二十七颗北斗卫星 | | |
| 2018 年 02 月 12 日 | 长征三号乙 | 第二十八、第二十九颗北斗卫星 | | |
| 2018 年 03 月 30 日 | 长征三号乙 | 第三十、第三十一颗北斗卫星 | | |
| 2018 年 07 月 29 日 | 长征三号乙 | 第三十三、第三十四颗北斗卫星 | | |

续表

| 发射时间 | 火箭型号 | 卫星编号 | 卫星类型 | 发射地点 |
|---|---|---|---|---|
| 2018 年 08 月 25 日 | 长征三号乙 | 第三十五、第三十六颗北斗卫星 | 北斗三号 | 西昌 |
| 2018 年 09 月 19 日 | 长征三号乙 | 第三十七、第三十八颗北斗卫星 | | |
| 2018 年 10 月 15 日 | 长征三号乙 | 第三十九、第四十颗北斗卫星 | | |
| 2018 年 11 月 01 日 | 长征三号乙 | 第四十一颗北斗卫星 | | |
| 2018 年 11 月 19 日 | 长征三号乙 | 第四十二、第四十三颗北斗卫星 | | |
| 2019 年 04 月 20 日 | 长征三号乙 | 第四十四颗北斗卫星 | | |
| 2019 年 06 月 25 日 | 长征三号乙 | 第四十六颗北斗卫星 | | |
| 2019 年 09 月 23 日 | 长征三号乙 | 第四十七、第四十八颗北斗卫星 | | |
| 2019 年 11 月 05 日 | 长征三号乙 | 第四十九颗北斗卫星 | | |
| 2019 年 11 月 23 日 | 长征三号乙 | 第五十、第五十一颗北斗卫星 | | |
| 2019 年 12 月 16 日 | 长征三号乙 | 第五十二、第五十三颗北斗卫星 | | |
| 2020 年 03 月 09 日 | 长征三号乙 | 第五十四颗北斗卫星 | | |
| 2020 年 06 月 23 日 | 长征三号乙 | 第五十五颗北斗卫星 | | |

## 四、北斗卫星导航系统的优势

北斗卫星导航系统是第一个采用三频定位的全球卫星导航系统，它通过 3 个不同频率的信号可以有效消除定位产生的误差，并且多个频率的信号可以在某个频率的信号出现问题的时候改用其他信号，以提高定位系统的可靠性和抗干扰能力，使卫星定位精度更高。

### （一）具有短报互文功能

这个功能简单来说就是用卫星来发短信，不像现在普通消费者使用手机，周围必须有移动运营商的通信基站才可以发短信。这项应用在实际中的作用是非常大的，用户不仅可以知道自己在哪里，还可以告诉其他人自己的位置。

### （二）安全、方便

北斗卫星导航系统最大的好处在于它是中国人独立自主研发的。中国的军队可以依靠北斗卫星导航系统给武器和载具提供定位导航服务，而不再依赖 GPS 提供的服务。

### （三）可进行有源定位和无源定位

有源定位需要用户的接收机自己来发射信号与卫星通信，无源定位则不需要。北斗二号卫星导航系统采用无源定位。当用户上空的卫星数量很少时，仍然可以进行定位。目前，北斗卫星导航系统已经具备短报文通信功能，这项功能在全球卫星导航系统领域是一次技术的突破。美国的 GPS 只能进行单向通信，我国的北斗卫星导航系统已经实现了双向通信功能，这一功能在处理重大事件时的实用性相当高。

北斗卫星导航系统的建设满足我国国家安全与社会经济发展需求；同时发展的北斗相关产业，可以大幅满足我国社会经济发展和民生需求。

## 五、北斗卫星导航系统的应用与产业化

我国积极发展北斗卫星导航系统的应用开发，打造由基础产品、应用终端、应用系统和运营服务构成的产业链，持续加强北斗产业保障，推进和创新体系建设，不断改善产业环境，扩大应用规模，实现融合发展，提升北斗产业的经济和社会效益。

### （一）基础产品及设施

北斗卫星导航芯片、模块、天线、板卡等基础产品，是北斗卫星导航系统应用的基础。通过卫星导航专项集智攻关，我国实现了卫星导航基础产品的自主可控，形成了完整的产业链，逐步应用到国民经济和社会发展的各个领域。随着互联网、大数据、云计算、物联网等技术的发展，北斗卫星导航系统基础产品的嵌入式、融合性应用逐步加强，带来了显著的融合效益。

### （二）行业及区域应用

2020 年 7 月 31 日，北斗三号卫星导航系统正式建成开通，北斗卫星导航系统迈向全球服务新时代。我国已经形成完整、自主的北斗产业发展链条，北斗相关产品已经输出到 120 余个国家和地区，向亿级用户提供服务。在北斗地基增强系统的赋能下，北斗卫星导航系统加速与人工智能、云计算等新技术深度融合，大规模渗透到手机、汽车等大众市场，为社会经济发展注入更多新动能，时空智能新赛道的商业化也随之提速。从 2020 年全球第一款亚米级高精度定位手机发布至今，华为、小米等多个公司都已提供时空智能服务。据《2021 中国卫星导航与位置服务产业发展白皮书》介绍，2020 年，我国卫星导航与位置服务产业总体产值达 4 033 亿元，较 2019 年增长约 16.9%，相关产业上、下游应用场景及各行各业的技术落地，市场规模进一步扩大，将迎来北斗卫星导航系统相关应用的爆发。

自北斗卫星导航系统提供服务以来，它已在交通运输、农林渔业、水文监测、气象测报、通信系统、电力调度、防灾减灾、公共安全、特殊关爱、大众服务等方面得到广泛应用，融入国家核心基础设施，产生了显著的经济效益和社会效益。

#### 1. 交通运输方面

交通运输是国民经济、社会发展和人民生活的命脉，而北斗卫星导航系统是助力实现交通运输信息化和现代化的重要手段，对建立畅通、高效、安全、绿色的现代交通运输体系具有十分重要的意义。

北斗卫星导航系统在交通运输方面的应用主要包括陆地应用，如车辆自主导航、车辆跟踪监控、车辆智能信息系统、车联网应用、铁路运营监控等；航海应用，如远洋运输、内河

航运、船舶停泊与入坞等；航空应用，如航路导航、机场场面监控、精密进近等。随着交通的发展，高精度应用的需求也在加速发展。

### 2. 农林渔业方面

我国是农业大国，而北斗卫星导航系统结合遥感技术、地理信息系统等，使传统农业向智慧农业加速发展，显著降低了生产成本，提高了劳动生产率，增加了劳动收益。北斗卫星导航系统可以为渔业管理部门提供船位监控、紧急救援、信息发布、渔船出入港管理等服务。

北斗卫星导航系统在农林渔业方面的应用主要包括农田信息采集、土壤养分及分布调查、农作物施肥、农作物病虫害防治、特种作物种植区监控、农业机械无人驾驶、农田起垄播种、无人机植保等，其中农业机械无人驾驶、农田起垄播种、无人机植保等应用对高精度北斗服务需求强烈。

### 3. 水文监测方面

北斗卫星导航系统成功应用于多山地域水文测报信息的实时传输，可以提高灾情预报的准确性，为制订防洪抗旱调度方案提供重要支持。

### 4. 气象测报方面

人们研制了一系列气象测报型北斗终端设备，形成了系统应用解决方案，提高了国内高空气象探空系统的观测精度、自动化水平和应急观测能力。

### 5. 通信系统方面

我国突破光纤拉远等关键技术，研制出一体化卫星授时系统，开展北斗双向授时应用。

### 6. 电力调度方面

我国开展了基于北斗卫星导航系统的电力时间同步应用，为北斗卫星导航系统在电力事故分析、电力预警系统、保护系统等高精度时间应用创造了条件。

### 7. 防灾减灾方面

防灾减灾领域是北斗卫星导航系统应用较为突出的领域之一。通过北斗卫星导航系统的短报文与位置报告功能，可以实现灾害预警速报、救灾指挥调度、快速应急通信等，从而极大提高灾害应急救援反应速度和决策能力。

北斗卫星导航系统在防灾减灾方面的应用主要包括灾情上报、灾害预警、救灾指挥、灾情通信、楼宇桥梁水库监测等。其中，救灾指挥、灾情通信等应用使用了北斗卫星导航系统特有的短报文功能，楼宇桥梁水库监测等应用使用了北斗卫星导航系统的高精度的定位服务。

### 8. 公共安全方面

反恐、维稳、警卫、安保等大量公安业务具有高度敏感性和保密性要求，对此推广应用北斗卫星导航系统势在必行。基于公安信息化系统，北斗卫星导航系统实现了警力资源动态调度、一体化指挥，提高了响应速度与执行效率。

北斗卫星导航系统在公共安全方面的应用主要包括公安车辆指挥调度、民警现场执法、应急事件信息传输、公安授时服务等。其中，应急事件信息传输使用了北斗卫星导航系统特有的短报文功能。

### 9. 特殊关爱方面

近年来,北斗特殊人群关爱应用逐渐兴起。通过北斗卫星导航系统的导航、定位、短报文等功能,为老人、儿童、残疾人等特殊人群提供相关服务,保障特殊人群的安全。

北斗卫星导航系统在特殊关爱方面的应用主要包括电子围栏、紧急呼救等。其中,只要相关人群走出设定的电子围栏范围,相关手机就能收到及时提醒。

### 10. 大众服务方面

手机服务、可穿戴设备等大众应用,逐步成为近年来北斗卫星导航系统应用的新亮点。利用北斗卫星导航系统的定位功能,可以实现手机导航、路线规划等一系列位置服务功能,使人们的生活更加便捷。

北斗卫星导航系统在大众服务方面的应用主要包括手机服务、车载导航设备、可穿戴设备等,通过与信息通信、物联网、云计算等技术深度融合,实现众多位置服务功能。

### (三) 北斗卫星导航系统在物流行业的应用案例——北斗助力广州港"智慧港口"建设

2021年6月2日,在广州市南沙港区四期码头前沿,岸桥按照信息系统自动发布的指令,精准地抓取船上的集装箱,自动放置在无人驾驶智能导引车(IGV)上。IGV随即通过智能算法自动规划路径,将集装箱运往堆场,轨道吊机自动对位,抓取集装箱放到指定位置。

整个生产作业的过程行云流水,标志着粤港澳大湾区首个全自动化码头——南沙港四期工程实船联合调试成功。这是一款基于北斗卫星导航系统的高精度卫惯组合导航终端,适用于港口场景,助力广州港的"智慧港口"建设。

据了解,以往的自动化码头采用磁钉导航,通过在码头地面布设磁钉,IGV上配置的射频天线感应磁钉循迹进行导航,对场地有较高的要求。一些老码头想要选用这项技术,要"把地面全部重新翻铺一遍",工程量巨大,而且建设成本和维护成本高。

为了解决这一难题,广州港与海格通信、振华重工联手,从北斗卫星导航系统的高精度应用的角度切入,探索港口复杂区域自动作业新模式,在南沙港四期工程创新融入新一代物联网感知、大数据分析、云计算、人工智能、5G通信等先进技术,成功打造全球首创"北斗导航无人驾驶智能导引车+堆场水平布置侧面装卸+单小车自动化岸桥+低速自动化轨道吊机港区全自动化"的新一代智慧码头,为自动化码头建设提供"广州方案"。

在此模式下,IGV利用北斗卫星导航系统、激光和视觉导航定位技术,车辆无须借助磁钉就可以行驶,路径灵活多变,实现了从"低头"到"抬头"的跨越。集装箱经过装卸、港内运输运到堆场,堆场"指挥官"——轨道吊机结合生产操作系统和调度系统的智能算法,为到港和出港的集装箱找到最优堆位,提升了集装箱作业效率。

经过数十年的发展,全球卫星导航系统从当初的GPS一家独大,到现在变成GPS、北斗卫星导航系统、格洛纳斯系统、伽利略系统等多系统共存,可以说获得了长足的进步。如今的全球卫星导航系统已经具备提供全方位、全天候、高精度、高速率定位导航服务的能力。

中国人自古就有飞天的梦想。很久以前，中国人仰望天空的时候，满天都是神话。天问、嫦娥、玉兔、广寒宫、孙悟空、天宫、北斗……直到中国航天人以这些名字将自己的航天梦——照进现实！"天宫"空间站、"嫦娥"奔月、"祝融"探火、"羲和"探日……从远古神话梦想，到中国航天事业的飞速发展，中国人一步一个脚印地触摸更高更远的太空，探索近地空间、探月、探火星、探日，尽情探索神秘太空的奥妙，将远古神话梦想变成现实。从此以后，满天都是中国人的浪漫！

回顾我国航天事业的发展史，各类探空项目无不承载着中国人对宇宙的向往和浪漫的探索精神。

载人飞船叫作"神舟"；

探月工程叫作"嫦娥工程"；

月球探测器叫作"嫦娥"；

月球车叫作"玉兔"；

"玉兔"着陆区域叫作"广寒宫"；

航天站叫作"天宫"；

中继通信卫星叫作"鹊桥"；

气象卫星叫作"风云"；

火星探测卫星叫作"萤火"；

量子试验卫星叫作"墨子"；

卫星导航系统叫作"北斗"；

全球低轨卫星系统叫作"鸿雁"；

太阳检测卫星计划叫作"夸父计划"；

暗物质探测器叫作"悟空"；

……

"悟空""羲和""北斗""祝融"……这一个个浪漫的名字，背后是一代代中国航天人共同的努力，这些成就彰显出中国人追逐梦想、勇于探索、协同攻坚、合作共赢的航天精神，这些航天奇迹展现出中国航天人的实干精神、坚韧毅力和浪漫情怀。

### 孙家栋：质量就是生命

孙家栋（1929—），辽宁瓦房店人，男，中国科学院院士，中国探月工程总设计师；长期领导中国人造卫星事业，是"两弹一星"功勋奖章、国家最高科学技术奖、"共和国勋章"获得者。

1962年3月21日，我国首次独立自行研制的弹道导弹"东风二号"在酒泉卫星发射场发射升空后很快失控，坠毁在距离发射塔架仅300 m的戈壁中，炸出一个直径约为

30 m 的大坑。

许多年后，孙家栋对这次失败依然难以释怀："脑袋里就没有一分一毫的想法，说我搞这个东西上去还会下来？那时候就傻眼了，就懵了。"

为了找出失败的原因，在冰天雪地的沙漠里，几百人弯着腰一寸寸地摸索，寻找导弹碎片。连着几天，那片区域的沙子几乎被扒掉一层，孙家栋和同事们硬是找齐了所有导弹碎片，并将它们重新拼成了导弹。经过逐一检查，他们发现了失败的根源——"原来是一根导线断了，剩下一米多长。正是遇到这样几次大的失败的情况，我们认识到质量就是生命，质量就是航天的一切。"

每次执行发射任务时，孙家栋坐在指挥大厅里，就爱听两个字："正常"。每一个"正常"背后，是全体航天人对"质量就是生命"的高度认同，是无时无刻不保持严、慎、细、实的工作作风。

（资料来源：《中国之声》特别节目《功勋》）

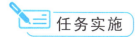任务实施

**北斗卫星定位实训系统**

**任务要求：**了解北斗卫星轨道图，认知用户段的设备定位情况，并完成卫星绕行、卫星动态定位、卫星静态定位、卫星模拟信号、卫星信号面板、卫星信息面板的操作。

**实施步骤如下。**

（1）扫码登录北斗卫星定位实训系统（图3-2）。

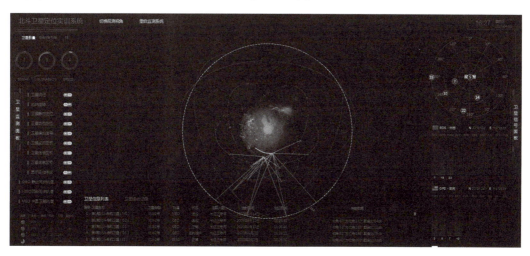

图3-2 北斗卫星定位实训系统

（2）完成卫星绕行、卫星动态定位、卫星静态定位、卫星模拟信号、卫星信号面板、卫星信息面板的操作。

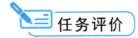 **任务评价**

完成任务评价（表3-2）。

表3-2 任务评价

任务评价得分：

| 序号 | 评价项目 | 分数 | 自我评分 | 教师评分 |
|---|---|---|---|---|
| 1 | 扫码登录北斗卫星定位实训系统 | 20 | | |
| 2 | 能够正确表达"北斗卫星是由3种轨道卫星组成的混合星座"这一观点 | 20 | | |
| 3 | 完成卫星绕行、卫星动态定位、卫星静态定位、卫星模拟信号、卫星信号面板、卫星信息面板的操作 | 60 | | |

注：任务评价得分=自我评分×40%+教师评分×60%。

# 任务二 地理信息系统

 任务背景

武汉作为抗击新型冠状病毒疫情战役的最前线，有两座为对抗此次疫情所兴建的医院格外引人关注：火神山医院和雷神山医院。

2020年1月25日农历正月初一，在武汉大学李德仁院士的指导下，官方成立了包含多个单位遥感骨干力量的联合工作组，决定用航天遥感手段见证火神山医院、雷神山医院建设进程，提供医院建设对周围环境影响的初步评估。工作组调度高分辨率光学卫星进行多时相对比，调度高光谱卫星进行水环境监测，调度干涉合成孔径雷达进行监测，同时，利用高分辨率夜光卫星见证了医院的建设过程。

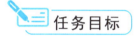 任务目标

**知识目标**

（1）了解地理信息系统的定义、特点、组成、功能及类型。

（2）掌握地理信息系统的发展历程。

（3）了解3S技术之间的集成关系。

**能力目标**

（1）能够熟练操作本城市电子地图的常用功能。

（2）了解常用的地理信息系统工具软件，有条件的学校安装地理信息系统工具软件让学生进行简单的操作。

（3）能够使用北斗+智慧物流智能沙盘演示系统V2.0完成物流运输路线距离测量及运输可视化管理。

**素质目标**

（1）培养认真严谨的职业态度，以及创新思维与创新能力。

（2）树立科学技术能够提高生产效率的观念，积极学习新技术。

知识准备

随着计算机技术的飞速发展、空间技术的日新月异，以及计算机图形学理论的日渐完善，地理信息系统也日趋成熟，并且逐渐被人们所认识和接受。近年来，地理信息系统被世界各国普遍重视，尤其是"数字地球"概念的提出，使地理信息系统更为各国政府所关注。目前，以管理空间数据见长的地理信息系统已经在全球变化与监测、军事、资源管理、城市规划、土地管理、环境研究、农作物估产、灾害预测、交通管理、矿产资源评价、文物保护、湿地制图等许多领域发挥着越来越重要的作用。

# 一、地理信息简介

## （一）概述

对于地理信息，《物流术语》（GB/T 18354—2021）中给出的定义是：由计算机软/硬件环境、地理空间数据、系统维护和使用人员四部分组成的空间信息系统，对整个或部分地球表层（包括大气层）空间中的有关地理分布数据进行采集、存储、管理、运算、分析、显示和描述的技术系统（GB/T 18354—2006）。

地理信息系统是一门综合性学科，它结合地理学与地图学以及遥感和计算机科学，已经广泛应用在不同的领域，是用于输入、储存、查询、分析和显示地理数据的一种计算机系统。随着地理信息的发展，也有人称其为"地理信息科学"（Geographic Information Science）。近年来，也有人称地理信息为"地理信息服务"（Geographic Information Service）。地理信息系统是一种基于计算机的工具，它可以对空间信息进行分析和处理（简而言之，就是对地球上存在的现象和发生的事件进行成图和分析）。地理信息把地图这种独特的视觉化效果和地理分析功能与一般的数据库操作（如查询和统计分析等）集成在一起。

地理信息作为一种特殊的信息，同样来源于地理数据。地理数据是各种地理特征和现象间关系的符号化表示，是表征地理环境中要素的数量、质量、分布特征及其规律的数字、文字、图像等的总和。地理数据主要包括空间位置数据、属性特征数据及时域特征数据 3 个部分。

地理信息是地理数据所包含的意义，是关于地球表面特定位置的信息，是有关地理实体的性质、特征和运动状态的表征和一切有用的知识。作为一种特殊的信息，地理信息除具备一般信息的基本特征外，还具有区域性、空间层次性和动态性 3 个特点。

## （二）特点

为了满足对地球表面、空中和地下若干要素空间分布和相互关系的研究，地理信息系统必须具备以下基本特点。

### 1. 公共的地理定位基础

所有地理要素应按经纬度或者特有的坐标系统进行严格的空间定位，这样才能对具有时序性、多维性、区域性特征的空间要素进行复合和分解，对隐含其中的信息进行显式表达，形成空间和时间上连续分布的综合信息，支持对于空间问题的处理与决策。

### 2. 标准化和数字化

对多信息源的空间数据和统计数据进行分级、分类、规格化和标准化，使其满足计算机输入和输出的要求，以便进行社会经济和自然资源、环境要素之间的对比和相关分析。

### 3. 多维结构

在二维空间编码的基础上实现多专题的第三维信息结构的组合，并按时间序列延续，从而使它具有信息存储、更新和转换能力，为决策部门提供实时显示和多层次分析的方便。这显然是常规二维或二维半地形图所不具备的优势。

#### 4. 丰富的信息

地理信息系统数据库中不仅包含丰富的地理信息，还包含与地理信息有关的其他信息，如人口分布、环境污染、区域经济情况、交通情况等。纽约市的相关部门曾经对地理信息系统数据库进行了调查，发现 80% 以上的信息为地理信息或与地理信息有关。

### （三）发展历程

#### 1. 地理信息系统在国外的发展情况

（1）1963 年，加拿大测量学家汤姆林森（R. F. Tomlinson）首先提出"地理信息系统"这一概念，并建立了世界上第一个地理信息系统——"加拿大地理信息系统"，用于自然资源的管理与规划，汤姆林森由此被称为"地理信息系统之父"。

（2）1965 年，美国哈佛大学土地测量专业的一名学生丹杰蒙德 J. Dangermond 在其毕业论文中设计了一个简单的地理信息系统，并在毕业后于 1996 年成立了 ESRI 公司，这成为推动地理信息系统发展的重要里程碑。

（3）1967 年，世界上第一个投入实际操作的地理信息系统由联邦能量、矿产和资源部门在安大略省的渥太华开发出来。这个系统是由汤姆林森主持开发的，被称为"Canadian GIS"（CGIS）。它被用来存储、分析以及处理所收集的有关加拿大土地存货清单（CLI）数据。CGIS 通过在 1∶250 000 的比例尺下绘制关于土壤，农业，休闲、野生生物、水鸟、林业和土地利用等各种信息为加拿大农村测定土地能力，并增设了等级分类因素来进行分析。CGIS 在"绘图"应用上做出了改进，具有覆盖、测量、资料数字化/扫描的功能，支持跨越大陆的国家坐标系统将线编码为具有真实的嵌入拓扑结构的"弧"，并且将属性和位置的信息分别存储在单独的文件中。

（4）目前，地理信息系统已成功应用包括资源管理、自动制图、设施管理、城市和区域规划、人口和商业管理、交通运输、石油和天然气、教育、军事等九大类别中的 100 多个领域。在美国等发达国家，地理信息系统的应用遍及环境保护、灾害预测、城市规划建设、政府管理等众多领域。

#### 2. 地理信息系统在国内的发展情况

1）准备阶段（20 世纪 70 年代）

我国从 1972 年开始研制制图的自动化系统；1974 年，引进美国地球资源卫星图像，并开展了卫星图像的处理和分析工作；1976 年，召开第一次遥感技术规划会议；1977 年，我国诞生了第一张由计算机输出的全要素地图；1978 年，相关部门在黄山召开了第一次数据库学术研讨会。

2）试验阶段（20 世纪 80 年代）

该阶段的活动主要包括典型试验、专题试验、通用软件设计、机构建设和人才培养。

3）快速发展阶段（20 世纪 90 年代至今）

近年来，随着我国经济建设的迅速发展，地理信息系统的应用进程也不断提速，地理信息系统在城市规划管理、交通运输、测绘、环保、农业等领域发挥了重要的作用，取得了良好的经济效益和社会效益。

## 二、地理信息系统的组成、功能及类型

### （一）地理信息系统的组成

从地理信息系统的定义可知，地理信息系统由 5 个部分组成，即计算机硬件系统、计算软件系统、空间数据、使用人及应用模型。其核心是计算机硬件和软件系统，而空间数据反映了应用地理信息系统的信息内容，使用人员决定了地理信息系统的工作方式，如图 3-3 所示。

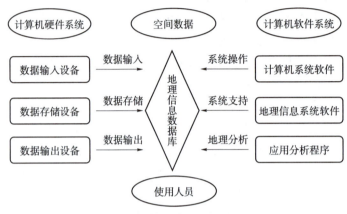

图 3-3　地理信息系统组成模型

#### 1. 计算机硬件系统

计算机硬件系统硬件又包括计算机主机、数据输入设备、数据存储设备、数据输出设备、数据通信传输设备。计算机硬件系统的性能影响到计算机软件系统对数据的处理速度、使用是否方便及可能的输出方式。

#### 2. 计算机软件系统

地理信息系统运行所必需的各种程序通常包括计算机系统软件、地理信息系统软件和其他应用分析程序，还包括各种数据库，绘图、统计、影像处理及其他程序。

#### 3. 空间数据

空间数据是地理信息系统的操作对象与管理内容，精确的、可用的空间数据会影响到查询和分析的结果。

#### 4. 使用人员

地理信息系统是一个动态的地理模型，也是一个复杂的人机系统。仅有计算机硬件/软件系统和空间数据还不能构成一个完整的地理信息系统。它必须处在相应的机构或组织环境内，需要相关人员进行系统组织、管理、扩充、维护和数据更新等工作。

#### 5. 应用模型

应用模型的构建和选择也是地理信息系统中至关重要的因素。

### （二）地理信息系统的功能

一个实用的地理信息系统要具有数据的采集与输入、编辑与处理、存储与管理，空间的查询与分析以及可视化表达与输出等功能。

#### 1. 数据的采集与输入功能

数据的采集与输入功能主要针对空间数据和属性数据，地理信息系统需要提供这两类数据的采集与输入功能。空间数据的表达可以采用栅格和矢量两种形式。空间数据表现了地理空间实体的位置、体积、形状、方向以及几何拓扑关系。其输入方式有数字扫描仪输入、键盘输入、商业数据获取、数字拷贝获取等。属性数据的输入方式主要包括键盘输入、数据库获取、存储介质获取等。

#### 2. 数据的编辑与处理功能

数据编辑主要包括属性编辑和图形编辑。属性编辑主要与数据库管理结合完成；图形编辑主要包括拓扑关系建立、图形整饰、图幅拼接、图形变换、投影变换、误差校正等。

#### 3. 数据的存储与管理功能

数据的有效组织与管理，是地理信息系统应用成功与否的关键。其主要提供空间与非空间数据的存储、查询检索、修改和更新的能力。矢量数据结构、光栅数据结构、矢栅一体化数据结构是地理信息系统的主要数据结构。数据结构的选择在相当程度上决定了地理信息系统所能执行的功能。数据结构确定后，数据的存储与管理的关键是确定应用系统空间与属性数据库的结构以及空间与属性数据的连接。目前，人们广泛使用的地理信息系统软件大多数采用空间分区、专题分层的数据组织方法，用地理信息系统管理空间数据，用关系数据库管理属性数据。

#### 4. 空间的查询与分析功能

空间的查询与分析是地理信息系统的核心功能，是其最重要的和最具有魅力的功能，也是地理信息系统区别于其他信息系统的本质特征。地理信息系统的空间分析可分为3个层次的内容：空间检索，包括从空间位置检索空间物体及其属性、从属性条件检索空间物体；空间拓扑叠加分析，包括空间特征（点、线、面或图像）的相交、相减、合并等，以及特征属性在空间上的连接；空间模型分析，包括数字地形高程分析、BUFFER 分析、网络分析、三维模型分析、多要素综合分析及面向专业应用的各种特殊模型分析等。

#### 5. 可视化表达与输出功能

中间处理过程和最终结果的可视化表达是地理信息系统的重要功能之一。通常以人机交互的方式选择显示的对象与形式，对于图形数据，根据要素的信息密集程度，可以选择放大或缩小显示。地理信息系统不仅可以输出全要素地图，还可以根据用户需要分层输出各种专题图、各类统计图、图标及数据等。

除了上述五大功能外，地理信息系统还有用户接口模块，用于接收用户的指令、程序或数据，是用户和系统交互的工具，主要包括用户界面、程序接口与数据接口。由于地理信息系统功能复杂，且用户往往属于非计算机专业人员，所以用户界面是地理信息系统的主要组成部分，也是地理信息系统成为人机交互的开放式系统的关键。

### （三）地理信息系统类型

#### 1. 按内容分类

地理信息系统按内容可分为专题地理信息系统、区域地理信息系统和地理信息系统工具3类。

（1）专题地理信息系统：是以某一专业、任务或现象为主要内容的地理信息系统，它为特定目的服务，如森林动态监测信息系统、农作物估产信息系统、水土流失信息系统和土地管理信息系统等。

（2）区域地理信息系统：主要以区域综合研究和全面信息服务为目标。此处的区域可以是行政区，如国家级、省级、市级和县级等区域地理信息系统；也可以是自然区域，如黄土高原区、黄淮海平原区和黄河流域等区域地理信息系统；还可以是经济区域，如粤港澳大湾区和京津唐等区域地理信息系统。

（3）地理信息系统工具：是一组包括地理信息系统基本功能的软件包，一般包括图形图像数字化、存储管理、查询检索、分析运算和多种输出等功能，地理信息系统工具适用于建立专题或区域性实用地理信息系统的支撑软件，也可用作教学软件，如 Arc/Info，MapGIS 和 Citystar 等均属于此类。

#### 2. 按用途分类

地理信息系统按用途可分为自然资源查询信息系统、规划与评价信息系统和土地管理信息系统等。

除了上述方式分类之外，地理信息系统还可以按照系统功能、数据结构、用户类型、数据容量等进行分类。

## 三、3S 技术

3S 是遥感（RS）、地理信息系统（GIS）和 GPS 的统称。3S 技术是空间技术、传感器技术、卫星定位与导航技术和计算机技术、通信技术相结合，多学科高度集成的对空间信息进行采集、处理、管理、分析、表达、传播和应用的现代信息技术。

### （一）遥感技术简介

遥感技术是指从高空或外层空间接收来自地球表层各类地物的电磁波信息，并通过对这些信息进行扫描、摄影、传输和处理，对地表的各类地物和现象进行远距离测控和识别的现代综合技术。在不直接接触有关目标物的情况下，在飞机、飞船、卫星等遥感平台上，使用光学或电子光学仪器（即传感器）接收地面物体反射或发射的电磁波信号，并用图像胶片或数据磁带记录下来，传送到地面，经过信息处理、判读分析和野外实地验证，最终服务于资源勘探、动态监测和有关部门的规划决策。遥感技术即整个接收、记录、传输、处理和分析判读遥感信息的全过程，包括遥感手段和遥感应用。

遥感技术可用于植被资源调查、气候气象观测预报、作物产量估测、病虫害预测、环境质量监测、交通路线网络与旅游景点分布等方面。例如，可以在大比例尺的遥感图像上直接统计烟囱的数量、直径、分布，以及机动车辆的数量、类型，找出其与燃煤、烧油量的关系，求出相关系数，并结合城市实测资料以及城市气象、风向频率、风速变化等因素，估算城市大气状况。同样，遥感图像能反映水体的色调、灰阶、形态、纹理等特征的差别，根据这些影像显示，一般可以识别水体的污染源、污染范围、面积和浓度。另外，利用热红外遥感图像能够对城市的热岛效应进行有效的调查。

### （二）3S 技术之间的关系

3S 技术之间的关系如图 3-4 所示。

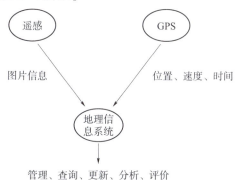

**图 3-4 3S 技术之间关系**

遥感、GPS 和地理信息系统在空间信息采集、动态分析与管理等方面各具特色，且具有较强的互补性。这一特点使 3S 技术在应用中紧密结合，并逐步朝着一体化集成的方向发展。3S 技术及其集成应用已经成为空间信息技术和环境科学的一个重要发展方向，它们在集成应用中分别发挥不同的作用。

（1）GPS 主要用于目标物的空间实时定位和不同地表覆盖边界的确定。

（2）遥感主要用于快速获取目标及其环境的信息，发现地表的各种变化，及时对地理信息系统进行数据更新。

（3）地理信息系统是 3S 技术的核心部分，通过空间信息平台，对遥感和 GPS 及其他来源的时空数据进行综合处理、集成管理及动态存取等操作，并借助数据挖掘技术和空间分析功能提取有用信息，使之成为决策的科学依据。

### （三）3S 技术的集成与应用

3S 技术在我国发展很快，而且由于地理信息的普适性，其应用早已突破了地学研究的领域。目前，3S 技术已广泛应用于城市规划、城市管网规划、交通、电信管网及配线、电力配网、测绘、环境保护与监测、国土详查、土地利用、地籍管理、公安、国防、作战指挥、教育、地质勘察、矿产资源、旅游及卫生事业等。

#### 1. GPS 与地理信息系统的集成与应用

利用地理信息系统中的电子地图和 GPS 接收机的实时差分定位技术，可以组成 GPS+地理信息系统的各种自动电子导航系统，用于交通指挥调度、公安侦破、车船自动驾驶、农田作业管理、渔船捕鱼等多个领域，也可以利用 GPS 的方法对地理信息系统进行实时更新。

### 2. 遥感与地理信息系统的集成与应用

遥感是地理信息系统的重要数据来源和数据更新的手段，而反过来，地理信息系统则是遥感中数据处理的辅助信息。两者集成可用于全球变化监测、农业收成面积监测和产量预估、空间数据自动更新等方面。

### 3. GPS 与遥感的集成与应用

在遥感平台上安装 GPS 可以记录传感器在获取信息瞬间的空间位置数据，直接用于空三平差加密，可以大幅降低野外控制测量的工作量。另外，二者的集成还可以在自动定时数据采集、环境监测、灾害预测等方面发挥着重要作用。

### 4. 3S 技术的整体集成与应用

3S 技术的整体集成的应用更为广泛，如在由 GPS+地理信息系统组成的自动电子导航系统中加入 CCD 摄像机组成移动式测绘系统，可用于高速公路、铁路和各种线路的自动监测和管理，也可建立战时现场自动指挥系统。再如，美国的巡航导弹和爱国者导弹安装了 3S 集成系统，可以实现自动导航、自动跟踪、自动识别目标，以进行准确的拦截和打击。

---

**知识链接**

## 北斗导航托起数字城市

北斗卫星导航系统与通信融合，空中与地面相连，让城市管理变得更加智能。日前，记者从中国北斗卫星导航年会地方专场论坛获悉，当前北京顺义区正在创建时空信息网络，依托北斗卫星导航系统，全面推进数字城市建设。

深埋地下的管线如何变得可视化？基于物联网、云计算和"地理信息系统+"等技术，在北斗卫星导航系统精准位置服务的基础上，通过新一代信息技术实现城市全面感知、泛在互连和智能融合应用。在北京顺义区，这一技术已经应用于管网规划。

在正元地信科技体验馆智慧城市板块，两侧墙上展示着燃气、供水、排水、供热等应用场景，地下透过玻璃板清晰地模拟展示城市地下管网的设置和走向。"这是顺义乃至全国的智慧管网'样板间'。"正元地理信息集团股份有限公司科技中心总工程师周文介绍，"智慧城市是测绘地理信息技术的重要应用领域，依托数据和技术优势，众多测绘地理信息企业入局智慧城市建设、运营和服务领域，用地理信息数据为城市'把脉开方'，为城市管理、公众服务提供数据支撑。"

如今，北斗卫星导航系统这个"隐形英雄"已经广泛应用在城市管网、水务、交通和城管系统中。"大到城市建设，小到治理跑冒滴漏，都要靠北斗来'指路'。"周文说。

不仅是硬件设施更加智慧，在城市管理的安全防控、交通管理、市政运维、能源供应、综合执法等多个领域，北斗卫星导航系统也大展身手。在北京空港云天智慧城市科技有限公司的展区里，就有一个出人意料的北斗卫星导航系统应用新场景"基层警务"。

顺义区相关负责人介绍，近年来顺义区从发展布局、总体规划及政策引导等方面全力支持顺义区北斗导航与位置服务产业高速发展，产业总体规模已近百亿元人民币。在北京首都国际机场，飞机起落、购票、定位、保持飞机安全运行……无不依托北斗定位通信技术。作为国家级临空经济示范区，顺义区集聚300余家航空企业，导航定位、地空通信、航天工业、飞行测试蓬勃发展，以北斗卫星导航系统为核心的新一代航空技术体系助力临空经济再次腾飞。

目前，依托国家地理信息科技产业园，顺义区集聚了中科星图、正元地理信息、中交信息等30余家重点企业，区内有5家北斗及北斗应用上市企业，已开放形成"北斗+智慧城市建设""北斗+安全校车服务""北斗+即时无人配送""北斗+农产品全过程监管"等应用场景，实现了北斗时空信息在"城市精细管理、城市安全运行、便捷民生服务、高效产业提升"的全面应用。

（资料来源：《北京日报》）

 **任务实施**

**北斗+智慧物流智能沙盘演示系统 V2.0**

**任务要求**：根据"一带一路"国际运输案例，扫码登录北斗+智慧物流智能沙盘演示系统 V2.0，借鉴系统现有演示方案，结合"一带一路"物流运输路线，使用北斗卫星导航系统测量运输路线的总里程，并模拟完成货物进出口运输。

**实施步骤如下。**

（1）根据案例的背景要求，确定"一带一路"物流运输路线。

（2）使用实训平台制作物流运输线路，使用北斗卫星导航系统完成距离测量。

（3）使用实训平台运输工具制作北斗+智慧物流运输路线。

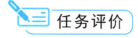 **任务评价**

完成任务评价（表3-3）。

表3-3　任务评价

任务评价得分：

| 序号 | 评价项目 | 分数 | 自我评分 | 教师评分 |
|---|---|---|---|---|
| 1 | 能够正确选择"一带一路"物流运输路线 | 20 | | |
| 2 | 能够根据案例，完成物流运输的基础设置 | 30 | | |
| 3 | 能够制作运输路线，使用北斗卫星导航系统完成距离测量 | 20 | | |
| 4 | 能够使用实训平台运输工具制作北斗+智慧物流运输路线 | 30 | | |

注：任务评价得分=自我评分×40%+教师评分×60%。

 巩固提高

**一、单选题**

1. BDS 是（　　）的英文首字母缩写。

A. 全球定位系统　　　　　　　　　　B. 格洛纳斯

C. 北斗卫星导航系统　　　　　　　　D. 伽利略卫星导航系统

2. GPS 是（　　）的简称。

A. 全球定位系统　　　　　　　　　　B. 格洛纳斯系统

C. 北斗卫星导航系统　　　　　　　　D. 伽利略系统

3. 根据监测地壳的微小移动预报地震使用的是（　　）。

A. GPS　　　　　B. 地理信息系统　　C. 遥感技术　　　D. 信息技术

4. （　　）跟踪 GPS 卫星，对其进行距离测量。

A. 空间部分　　　　　　　　　　　　B. 地面监控部分

C. 用户部分　　　　　　　　　　　　D. 管理部分

5. （　　）卫星导航系统建成后，我国首次提出"保证服务不间断"指标。

A. 北斗一号　　　B. 北斗二号　　　C. 北斗三号　　　D. 北斗

6. （　　）能够提供短报文通信服务。

A. GPS　　　　　　　　　　　　　　B. 格洛纳斯系统

C. 北斗卫星导航系统　　　　　　　　D. 伽利略系统

7. 北斗卫星的发射基地在（　　）。

A. 文昌　　　　　B. 酒泉　　　　　C. 太原　　　　　D. 西昌

8. 北斗特殊关爱应用逐步兴起，通过北斗卫星导航系统的导航、定位、短报文等功能为老人、儿童等特殊人群提供相关服务，以保障安全。当老人、儿童走出（　　）设定的活动范围区域时，就能提醒报警。

A. 电子围栏　　　　　　　　　　　　B. 路线导航

C. 紧急救援　　　　　　　　　　　　D. 无人驾驶

9. 广州港"智慧港口"建设中无人驾驶智能导引车使用的导航技术是（　　）。

A. 磁钉导航技术　　　　　　　　　　B. 激光导航技术

C. 雷达导航技术　　　　　　　　　　D. 北斗导航技术

10. （　　）能够对地球表层各类地物进行扫描、摄影、传输和处理。

A. GPS　　　　　　　　　　　　　　B. 北斗卫星导航系统

C. 地理信息系统　　　　　　　　　　D. 遥感技术

**二、多选题**

1. 全球有 4 个成熟的全球卫星导航系统，分别是（　　）。

A. 中国的北斗卫星导航系统　　　　　B. 美国的 GPS

C. 俄罗斯的格洛纳斯系统　　　　　　D. 欧洲的伽利略系统

2. 随着北斗卫星导航系统建设和服务能力的发展，相关产品已广泛应用的领域包括（　　）。

A. 交通运输　　　　B. 海洋渔业　　　　C. 电力调度　　　　D. 应急搜救

3. 北斗卫星导航系统创新融合了导航与通信能力，主要功能包括（　　）。

A. 实时导航　　　　B. 快速定位　　　　C. 精确授时　　　　D. 位置报告

E. 短报文通信服务

4. 北斗卫星导航系统由（　　）三部分组成。

A. 空间段　　　　　B. 地面段　　　　　C. 用户段　　　　　D. 客服段

5. 北斗卫星导航系统空间段由（　　）组成混合导航星座。

A. 高轨道地球卫星　　　　　　　B. 倾斜地球同步轨道卫星

C. 中圆地球轨道卫星　　　　　　D. 地球静止轨道卫星

6. GPS 的组成部分包括（　　）。

A. 空间部分　　　B. 地面监控部分　　C. 计算机　　　　　D. 用户部分

7. 地理信息系统的部分组成包括（　　）。

A. 计算机硬件系统　　　　　　　B. 计算机软件系统

C. 空间数据　　　　　　　　　　D. 系统的维护和使用人员

E. 应用模型

8. 地理信息系统按内容可分为（　　）。

A. 专题地理信息系统　　　　　　B. 区域地理信息系统

C. 地理信息系统工具　　　　　　D. 土地管理信息系统

9. 地理信息系统按用途可分为（　　）。

A. 自然资源查询信息系统　　　　B. 规划与评价信息系统

C. 土地管理信息系统　　　　　　D. 区域地理信息系统

10. 3S 是（　　）的统称。

A. 遥感　　　　　　B. 地理信息系统　　C. 卫星技术　　　　D. GPS

**三、判断题**

1. 北斗卫星导航系统是我国自主研发和建设、全球已有 120 余个国家和地区使用的全球卫星导航系统。　　　　　　　　　　　　　　　　　　　　　　　　　（　　）

2. 2020 年 6 月 23 日，随着北斗三号卫星导航系统最后一颗全球组网卫星在西昌卫星发射中心点火升空，北斗三号卫星导航系统完成全球组网。　　　　　　　　　（　　）

3. GPS 是一个全球性、全天候、全天时、高精度的导航定位和时间传递系统。（　　）

4. 北斗卫星导航系统空间段采用 3 种轨道卫星组成的混合星座，与其他全球卫星导航系统相比，高轨道地球卫星更多，抗遮挡能力强，尤其在低纬度地区，其性能特点更为明显。

（　　）

5. 北斗卫星导航系统提供单一频点的导航信号，能够通过多频信号组合使用等方式提高服务精度。　　　　　　　　　　　　　　　　　　　　　　　　　　　　（　　）

6. 北斗一号卫星导航系统的建成，标志着我国成为世界上第三个建立完善的全球卫星导航系统的国家。　　　　　　　　　　　　　　　　　　　　　　　　　　　（　　）

7. 北斗二号卫星导航系统在兼容北斗一号卫星导航系统技术体制的基础上，增加无源定位体制，采取广播式服务，保留了位置报告、短报文通信服务，为亚太地区用户提供定位、测速、授时和短报文通信服务，成为国际卫星导航系统四大服务商之一。　　（　　）

8. 北斗二号卫星导航系统突破了区域混合导航星座构建、高精度时空基准建立的关键技术，实现了星载原子钟国产化，在国际上首次实现了混合星座区域卫星导航系统。

（　　）

9. 北斗三号单星设计寿命由以前的 8 年延长到 12 年，并首次提出了"保证服务不间断"指标。（　　）

10. 地理信息系统把地图这种独特的视觉化效果和地理分析功能与一般的数据库操作（例如查询和统计分析等）集成在一起。（　　）

11. 地理信息系统是一门综合性学科，结合地理学与地图学以及遥感和计算机科学，已经广泛应用于不同的领域。（　　）

12. 遥感技术是指从高空或外层空间接收来自地球表层各类地物的电磁波信息，并通过对这些信息进行扫描、摄影、传输和处理，从而对地表各类地物和现象进行远距离控测和识别的现代综合技术。（　　）

13. 遥感技术可用于植被资源调查、气候气象观测预报、作物产量估测、病虫害预测、环境质量监测、交通路线网络与旅游景点分布等方面。（　　）

14. 利用热红外遥感图像能够对城市的热岛效应进行有效的调查。（　　）

15. 3S 技术在应用中紧密结合，并逐步朝着一体化集成的方向发展。（　　）

16. 遥感是 3S 的核心部分。（　　）

### 四、简单题

1. 北斗卫星导航系统的特点是什么？

2. GPS 的特点是什么？

3. 简述北斗卫星导航系统与 GPS 的组成及工作原理。

4. 北斗卫星导航系统的"三步走"发展战略是什么？

5. 北斗卫星导航系统在我国的优势是什么？

6. 地理信息系统的特点是什么？

7. 地理信息系统在国内的发展历程包括哪些阶段？

# 项目四

# 物流信息存储与传输交换技术

## ▣ 项目简介

在"互联网+"的时代背景下，物流产业不断转型升级，数字化、智能化已成为物流产业发展的重要趋势。伴随物流活动的发生，各环节都会产生各种数据、信息，而这些数据、信息将对物流活动的正常运转产生重要的影响。

随着大数据、物联网等技术在物流产业中的应用，数据资源的海量化和信息技术的新兴化正逐渐成为现代物流系统的重要特征。物流信息的存储与传输关系着物流系统的安全运行，物流信息存储与传输交换技术的不断进步将有效推动物流系统向数字化、智能化和柔性化发展。随着数据库技术、计算机网络技术和电子数据交换技术等物流信息存储与传输技术被广泛应用于运输、仓储、配送等环节，物流信息存储与传输交换技术在提高效率、降低成本等方面发挥了至关重要的作用。

## ▣ 职业素养

通过学习本项目，学生可以了解物流信息存储与传输交换技术的发展历程，掌握数据库技术、计算机网络技术、电子数据交换技术的分类及其在物流中的应用。另外，本项目还可引导学生了解我国物流信息存储与传输交换技术的创新与发展，激发学生的民族自豪感与振兴科学的民族责任感，激发学生的爱国热情。

◙ 知识结构导图

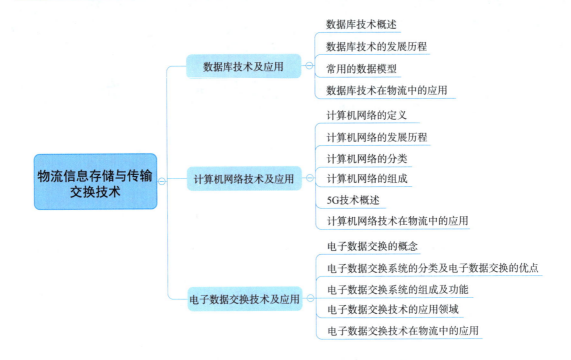

# 任务一　数据库技术及应用

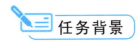

伴随物流的智能化发展，大数据技术在物流活动中的作用日益凸显。在仓储、运输、配送等环节每时每刻都会涌现海量数据，面对海量数据，物流企业不断增加在数据分析方面的投入，不仅把大数据技术看作一种进行数据挖掘、分析的信息技术，更是把大数据技术视为一项战略资源。

数据库技术可以通过构建数据中心，挖掘隐藏在数据背后的信息价值，充分发挥大数据给物流企业带来的发展优势，在战略规划、商业模式和人力资本等方面做出全方位的部署，为物流运营过程中的战略决策、运营规划、资源统筹、成本控制等方面提供有力支撑，从而帮助物流企业优化管理，提高行业竞争力。基于数据库技术衍生的相关指数报告，为政府部门及物流决策提供了科学依据。

中国物流信息中心作为我国 PMI 指数（采购经理指数）领域、生产资料领域与物流领域从事信息采集、研究、发布的行业信息中心，该中心基于大数据技术研究制订与发布的物流行业数据报告，为国家宏观决策服务、为行业管理服务、为企业发展服务，如图 4-1、图 4-2 所示。

数据库技术的应用优化了资源配置，提升了物流效率，并不断推进物流产业的转型升级。

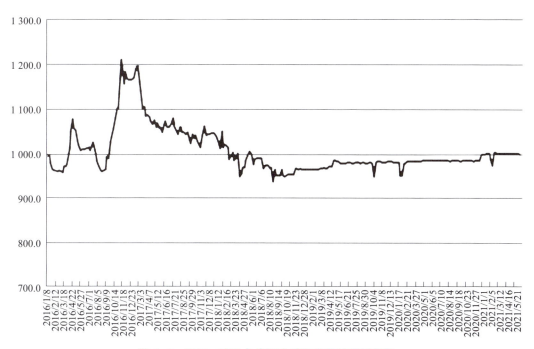

**图 4-1 2016—2021 年中国公路物流运价各周指数**

（来源：中国物流信息中心）

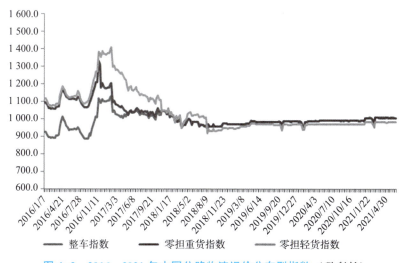

**图 4-2 2016—2021 年中国公路物流运价分车型指数**（附彩插）

（来源：中国物流信息中心）

满帮集团（以下简称"满帮"）成立于 2017 年 11 月，由中国领先的两家公路干线货运平台——江苏满运软件科技有限公司（App 品牌：运满满）及贵阳货车帮科技有限公司（App 品牌：货车帮）合并而成。满帮借助互联网技术、大数据技术及人工智能技术，全心全意帮助货车司机和货主，助力物流降本增效，坚持以技术为导向，以平台、交易、金融服务、车后、智能驾驶和国际业务等多个核心布局业务，将逐渐完成由平台型企业到智慧型企业再到生态型企业的升级，将自身打造成全球领先的运力平台及运力公司。借助互联网技术、大数据技术及人工智能技术，满帮改变了传统物流行业"小、乱、散、差"的现状，被誉为中国干线运力的基础设施和大动脉。

截至 2020 年年末，该平台全年总交易额达 1 738 亿元，订单量达 7 170 万单，共计 280 万货车司机和 130 万货主在该平台完成了货运订单，业务覆盖全国 300 多个主要城市，覆盖线路 10 万余条。通过效能提升，仅 2020 年，满帮便为中国减少碳排放 33 万吨。满帮线上产品——货车帮 App 如图 4-3 所示。

针对货车司机端推出"货车帮"App

查找货源、订阅货源、ETC、商城等。

**图 4-3  满帮集团线上产品——货车帮 App**

（来源：满帮集团官网）

## 任务目标

### 知识目标
（1）掌握数据库的定义、数据库系统的定义和组成。
（2）掌握数据库技术的发展历程。
（3）掌握常用的数据模型。

### 能力目标
（1）能够对数据模型进行分类。
（2）能够根据数据库技术的特点，区分数据库技术的应用场合。

### 素质目标
（1）树立信息技术改变生活的观念，为适应将来社会发展的需求努力学习新科学技术。
（2）理解数据库技术对传统物流行业的促进作用。

## 知识准备

数据库技术产生于 20 世纪 60 年代，是信息技术中的一项核心技术。在当今信息社会中，信息已成为各行业的重要财富和资源，信息系统也越来越显示出它的重要性。数据库技术是信息系统的核心和基础，它的出现大幅促进了计算机应用向各行各业的渗透，越来越多的领域开始采用数据库技术存储与处理信息资源。

# 一、数据库技术概述

## （一）数据库的定义

随着数据量的增加，需要有计划、有组织地收集、整理和存储数据，数据库技术为海量数据的整理和存储提供了可能。数据库是指长期存储在计算机内、有组织的、可共享的数据集合。数据库中的数据是按一定的数据模型组织、描述和存储的，具有较低的冗余度、较高的数据独立性和可扩展性，而且可以被多个用户、多个应用程序共享。

## （二）数据库系统的定义

数据库系统（Database System）是由数据库及其管理软件组成的系统，是存储介质、处理对象和管理系统的集合体。数据库系统通常由软件、数据库和数据管理员组成。其软件主要包括操作系统、各种宿主语言、实用程序以及数据库管理系统。数据库由数据库管理系统统一管理，数据的插入、修改和检索均要通过数据库管理系统进行。

## （三）数据库系统的组成

数据库系统一般由 4 个部分组成。

### 1. 数据库

如前所述，数据库是指长期存储在计算机内的、有组织、可共享的数据的集合。

### 2. 硬件

硬件是指构成计算机系统的各种物理设备（包括存储所需的外部设备）和硬件的配置应满足整个数据库系统的需要。

### 3. 软件

软件包括操作系统、数据库管理系统及应用程序。

### 4. 人员

人员主要分为四类，第一类为系统分析员和数据库设计人员，系统分析员负责应用系统的需求分析和规范说明，他们和用户以及数据库管理员（Data Base Administrator，DBA）一起确定数据库系统的硬件配置，并参与数据库系统的概要设计。第二类为应用程序员，他们负责编写使用数据库的应用程序。第三类为最终用户，他们利用系统的接口或查询语言访问数据库。第四类是数据库管理员，他们负责数据库的总体信息控制。数据库系统的组成如图 4-4 所示。

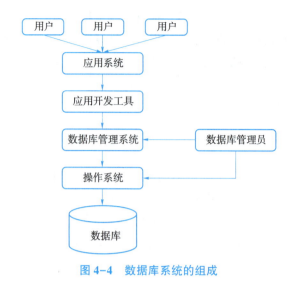

图4-4　数据库系统的组成

## 二、数据库技术的发展历程

数据库技术的发展与计算机硬件、软件及计算机应用的范围有密切的联系。数据技术的发展经历了以下几个阶段：人工管理阶段、文件系统阶段、数据库系统阶段和分布式数据库系统阶段。

### （一）人工管理阶段

在20世纪50年代以前，计算机主要用于科学计算。那时在计算机硬件方面，外存只有卡片、纸带及磁带，没有磁盘等可直接存取数据的存储设备；在软件方面，只有汇编语言，没有操作系统和高级语言，更没有数据管理软件；数据处理的方式是批处理，这些决定了当时的数据管理只能通过人工方式进行。

### （二）文件系统阶段

进入20世纪60年代，计算机技术有了很大发展，计算机的应用范围不断扩大，不仅用于科学计算，还用于管理。这时的计算机硬件已经有了磁盘、磁鼓等可以直接存取数据的外部存储设备；软件则有了操作系统、高级语言，操作系统中的文件系统专门用于数据管理；数据处理的方式不仅有批处理，还增加了联机实时处理。

### （三）数据库系统阶段

这个阶段基本实现了数据共享，减少了数据冗余，数据库采用特定的数据模型，具有较高的数据独立性，具有统一的数据控制和管理功能。

### （四）分布式数据库系统阶段

分布式数据库系统在逻辑上是一个整体，是分布在不同地理位置上的数据集合，它受分布式数据库管理系统的控制。

## 三、常用的数据模型

在目前的数据库系统中，常用的数据模型有四种：层次模型、网状模型、关系模型和面向对象模型。

### （一）层次模型

层次模型的数据结构是层次结构，也称为树形结构，结构中的每个节点表示一个实体类型，这些节点应满足：①有且只有一个节点，无双亲节点，这个节点成为根节点；②其他节点有且仅有一个双亲节点。在层次结构中，每个节点表示一个记录类型（实体），节点间的连线（有向边）表示实体间的联系。在现实世界中，许多实体间存在自然的层次关系，如组织结构、家庭关系和物品分类等。

### （二）网状模型

网状模型的数据结构属于网络结构。在数据库系统中，人们把满足以下两个条件的基本层次联系集合称为网状模型：①一个节点可以有多个双亲节点；②多个节点可以没有双亲节点。

在网状模型中，每个节点表示一个实体类型，节点间的联系表示实体间的联系。与层次模型不同的是，网状模型中的任意节点间都可以有联系，因此网状模型适用于表示多对多联系。网状模型虽然可以表示实体间的复杂联系，但它与层次模型没有本质的区别，都用连线表示实体间的联系。层次模型是网状模型的特例，它们都称为格式化的数据模型。

### （三）关系模型

关系模型的数据结构是二维表，其由行和列组成，一张二维表称为一个关系。关系模型中的主要概念有关系、属性、元组、域和关键字等。

### （四）面向对象模型

面向对象模型的数据结构是对象，而一个对象由一组属性和一组方法组成，属性用来描述对象的特征，方法用来描述对象的操作。一个对象的属性可以是另一个对象，而另一个对象的属性还可以用其他对象描述，以此来模拟现实世界中的复杂实体。面向对象模型是新一代数据库系统的基础，是数据库技术发展的方向。

## 四、数据库技术在物流中的应用

【案例4-1】　　　　　　货车帮：用大数据优化传统物流

大数据企业代表货车帮以减少公路货运市场信息不对等、实现最优车货匹配为目标，为公路货运市场提供了一个创新的协调组织机制，通过互联网平台连接"空车"和货源，运用货运大数据对市场供需进行精准把握，并用数学模型优化市场引导措施，从而实现了最优资源配置，达到了供需平衡。

近几年，货车帮快速发展，在 2017 年 11 月完成与运满满的合并。合并后，该平台拥有诚信司机会员 520 万人、诚信货主会员 125 万家，形成了一张覆盖全国的公路物流信息网络。

作为现代服务业重要组成部分的物流业，发展互联网+高效物流，构建物流信息共享体系，加快建设物流信息交易平台，是大势所趋。

货车帮已与多家高速公路达成战略合作，累计发行 ETC 卡超过 136 万张，日充值金额超过 1.2 亿元，成为中国货车 ETC 最大的发卡和充值渠道。对此，货车帮 ETC 事业部负责人吴洪钊表示："我们与全国各地高速公路建立了合作关系。平台针对性地解决货车 ETC 发展痛点，助推 ETC 在公路物流领域的应用，同时也不断扩大政策红利在物流群体的辐射范围。"

由于物流行业的交易规则，货车运营中难免遇到资金周转不灵的问题，由于没有稳定的收入等财务证明，货车司机往往很难享受银行的贷款等金融服务，同时"短、小、频、急"的用款特点更难以满足金融机构的服务要求。

货车帮基于平台司机行为数据、行驶数据、ETC 充值/消费数据等大数据分析建立了场景化的风控体系，与金融机构合作开展了小额信贷业务——ETC 白条，对货车司机在一个周期中的运营数据划分信用等级发放贷款，有效缓解了货车司机资金短缺的问题，将普惠金融落实到物流人群中。

2017 年 11 月 27 日，货车帮与运满满联合宣布战略合并，新的集团公司满帮诞生。货车帮已经完成了商业模式的探索，以及规模化平台建立的初级阶段，未来要从以中长途货车"车货匹配"服务为主要功能的初级阶段跨越到实现全面构建物流生态圈的高级阶段，这需要技术提供支撑才能实现。

满帮集团正在借助已经形成的规模优势，以及正在形成的成本优势，从一个信息平台转变成为交易平台，打造交易闭环。

合并后，发展增值业务无疑是该平台的重点发力方向。据相关人士透露，满帮集团 ETC 的能力覆盖超过 500 万货车司机，白条业务预计可以覆盖超过 100 万货车司机，而且基于数据场景和交易场景的保险产品也将推出。

如今，货车帮未来的路径越发清晰——一个面向所有物流企业提供一站式服务的平台、一个中国公路物流能源的供应者、一个物流垂直领域的互联网保险巨头、一个搭建物流金融基础和体系的开拓者、一个高速消费闭环的生态平台、一个用科技满足未来物流场景的物流园区网络、一个数量为千万级的货车 B 端流量入口。

（资料来源：《中华工商时报》）

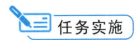 **任务实施**

**任务背景：** 四组同学分别扮演货主和货车司机，每组分别完成货车帮 App 货主端和货车司机端的安装与注册。

**任务要求：** 分组完成货车帮 App 货主端和货主司机端的安装与注册，了解客户端相关信息，概述客户端相关模块。

**实施步骤如下。**

（1）登录货车帮官网（http：//www.huochebang.cn/），下载货车帮货主端和货车司机端。

（2）分组完成货车帮货主端和货车司机端的安装工作。

（3）分组完成货车帮货主端和货车司机端的注册工作。

（4）使用思维导图绘制货主端和货车司机端的主要功能模块，并将思维导图上传至学习平台。

（5）小组代表汇报成员共同绘制的思维导图。

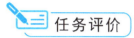 **任务评价**

完成任务评价（表4-1）。

表4-1　学习任务评价

任务评价得分：

| 序号 | 评价项目 | 分数 | 自我评分 | 教师评分 |
|---|---|---|---|---|
| 1 | 能够正确下载并安装货车帮 App | 10 | | |
| 2 | 能够正确完成注册 | 15 | | |
| 3 | 能够总结、梳理结构模块 | 25 | | |
| 4 | 能够绘制思维导图 | 25 | | |
| 5 | 能够分享、汇报各模块的功能 | 25 | | |

注：任务评价得分＝自我评分×40％＋教师评分×60％。

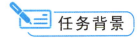

# 任务二　计算机网络技术及应用

### 📝 任务背景

随着互联网、大数据、物联网等高新技术在物流行业中的应用，传统物流行业的转型发展需求越发旺盛。

在"十三五"期间，我国电商服务业快速发展，营业收入从2016年的26.1万亿元增长至37.11万亿元，有力支撑了我国电子商务的蓬勃发展，促进了电子商务新业态、新模式的不断涌现。

国家统计局数据显示，2020年，全国电子商务交易总额达37.21万亿元，同比增长4.5%，如图4-5所示。

图 4-5　2011—2020 年全国电子商务交易总额

电子商务的不断发展，对传统物流运营模式提出了新的要求。传统物流必须利用互联网技术来完成物流全过程的协调、控制和管理，实现从网络前端到最终用户端的所有中间过程的服务，传统物流必须通过互联网改造，才能适应电子商务发展的需求。

计算机网络技术作为物流信息技术发展的基础，促进了物流运营效率的大幅提升；同时，以计算机网络技术为基础，物流行业智能化有效提升了服务质量和工作进度，是物流现代化的重要标志之一。

2016年7月，国家发展和改革委员会下发《"互联网+"高效物流实施意见》，明确指出要"产生以互联网为依托，对外开放共享、互利共赢、高效便捷、绿色安全的智慧物流绿色生态管理体系"，大力推进"互联网+"高效物流发展，提高全社会物流质量、效率和安全水平。"互联网+物流"开启了一个新的时代，智能仓储"货代人"系统、智能配送设备等物流软、硬件在计算机网络技术的支撑下得到了迅速发展，传统物流行业正快速向智能化转型。

为了深入贯彻落实党中央国务院关于"互联网+"高效物流及促进平台经济规范健康发展的工作部署，促进道路货物运输业与互联网融合发展，规范培育现代物流市场新业态，加快推进道路货运行业转型升级高质量发展，2019年9月6日，交通运输部、国家税务总局发布了《网络平台道路货物运输经营管理暂行办法》，有效推动了无车承运人（网络货运经营者）相关政策的发展。

据交通运输部网络货运信息交互系统统计，截至 2021 年 6 月 30 日，全国共有 1 000 余家网络货运企业（含分公司），整合社会零散运力 293 万辆，占全国营运货车保有量的 26.4%；整合驾驶员 304.7 万人，占全国货车驾驶员总规模的 20.2%。2022 年上半年，全国共完成运单 2 834.3 万单，环比增长 46.6%。

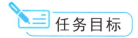 **任务目标**

### 知识目标
（1）掌握计算机网络的定义、发展历程和分类。
（2）掌握 5G 技术的定义及应用领域。

### 能力目标
（1）能够对计算机网络进行分类。
（2）能够概述 5G 技术的应用领域。

### 素质目标
（1）树立网络安全防范意识，切实做到保证个人、企业和国家的网络信息安全。
（2）学好计算机网络技术，不断进行技术创新，促进计算机网络技术与物流产业的融合发展。

 **知识准备**

计算机网络是计算机技术与通信技术结合的产物。1969 年，互联网的前身——美国的 ARPA 网（阿帕网）投入运行，这标志着计算机网络的诞生。

## 一、计算机网络的定义

在计算机网络发展的不同阶段，人们对计算机网络的定义是不同的。从广义的角度来说，计算机网络是指将地理位置不同的、具有独立功能的多台计算机及其外部设备，通过通信线路连接起来，在网络操作系统、网络管理软件及网络通信协议的管理和协调下，实现资源共享和信息传递的计算机系统。

## 二、计算机网络的发展历程

计算机网络的发展大致经历了以下 4 个阶段。

### （一）诞生阶段

20 世纪 60 年代中期以前的第一代计算机网络是以单个计算机为中心的远程联机系统，其典型应用是由一台计算机和全美范围内 2 000 多个终端组成的飞机订票系统，终端是一台计算机的外围设备，包括显示器和键盘，没有 CPU 和内存。

当时，人们把计算机网络定义为"以传输信息为目的而连接起来，实现远程信息处理或进一步达到资源共享的系统"，此时的通信系统已具备网络的雏形。

### （二）形成阶段

20 世纪 60 年代中期至 20 世纪 70 年代的第二代计算机网络以多个主机通过通信线路互连起来，为用户提供服务，主机之间不是直接用线路连接，而是由接口报文处理机转接后互连的。接口报文处理机和它们之间互连的通信线路一起负责主机间的通信任务，构成了通信子网。与通信子网互连的主机负责运行程序，提供资源共享，组成资源子网。

在这个阶段，计算机网络的概念为"以能够相互共享资源为目的互连起来的具有独立功能的计算机的集合体"。

### （三）互连互通阶段

20 世纪 70 年代末至 20 世纪 90 年代的第三代计算机网络是具有统一的网络体系结构并遵守国际标准的开放式和标准化的网络，此阶段形成了两种国际通用的最重要的体系结构，即 TCP/IP 体系结构和国际标准化组织的 OSI 体系结构。

### （四）高速网络阶段

20 世纪 90 年代至今，局域网技术发展成熟，出现了光纤及高速网络技术，整个计算机网络就像一个对用户透明的大型计算机系统，发展为以因特网（Internet）为代表的互联网。

## 三、计算机网络的分类

计算机网络可以从不同的角度进行分类，下面介绍几种常见的分类。

### （一）按地理范围分类

#### 1. 局域网

局域网（Local Area Network，LAN）是最常见、应用最广泛的一种计算机网络。所谓局域网，就是局部地区范围内的计算机网络，它所覆盖的地区范围较小。局域网在计算机数量配置上没有太多限制，少的可以只有两台计算机，多的可达几百台计算机。

#### 2. 城域网

城域网（Metropolitan Area Network，MAN）通常是在一个城市，但不在同一地理小区范围内的计算机互连。城域网与局域网相比扩展的距离更大，连接的计算机数量更多，在地理范围上可以说是局域网的延伸。

#### 3. 广域网

广域网（Wide Area Network，WAN）也称为远程网，其覆盖范围比城域网更大，可从几百公里到几千公里，可以跨越城市、地区、国家乃至世界。

### 4. 互联网

互联网又称为国际网络，指的是网络与网络串连而成的庞大网络，这些网络以一组通用的网络协议相连，形成逻辑上的单一、巨大的国际网络，它是地球上最大的广域网。

## （二）按网络传输技术分类

### 1. 广播式网络

广播式网络即多个计算机连接到一条通信线路上的不同节点上，任意一个节点所发出的报文分组被其他所有节点接收。

### 2. 点对点式网络

点对点式网络是无中心服务器、依靠用户群交换信息的互联网体系，它的作用在于减少以往网络传输中节点的个数，从而降低信息丢失的风险。

## （三）按拓扑结构分类

### 1. 星形网络

星形网络是各工作站以星形结构连接起来的，网络中的每个节点设备都通过连接线与中央节点相连，如果一个工作站需要传输数据，首先必须通过中心节点。

### 2. 树形网络

树形网络是天然的分级结构，又称为分级的集中式网络，其中任意两个节点之间不产生回路，每个链路都支持双向传输，并且网络中节点扩充方便、灵活，寻查链路路径比较简单。

### 3. 总线形网络

总线形网络是将各个节点设备和一根总线相连，所有的节点工作站都通过总线进行信息传输。

### 4. 环形网络

环形网络将各节点通过一条首尾相连的通信链路连接起来形成闭合环形结构。环形网络中各工作站的地位相等。

## 四、计算机网络的组成

计算机网络主要由计算机系统、数据通信系统、网络软件及网络协议三大部分组成。计算机系统是计算机网络的基本模块，为计算机网络内的其他计算机提供共享资源；数据通信系统是连接计算机网络基本模块的桥梁，它提供各种连接技术和信息交换技术；网络软件是计算机网络的组织者和管理者，其在网络协议的支持下为计算机网络用户提供各种服务。

## 五、5G 技术概述

### （一）5G 技术的定义

随着移动互联网的快速发展，新服务、新业务不断涌现，移动数据业务流量呈爆炸式增长，4G 移动通信系统难以满足未来移动数据流量暴涨的需求，急需研发下一代移动通信系统。

第五代移动通信技术（5th Generation Mobile Communication Technology，5G）是具有高速率、低时延和大连接特点的新一代宽带移动通信技术，是实现人机物互连的基础技术。

国际电信联盟（ITU）定义了 5G 技术的三大类应用场景，即增强移动宽带（eMBB）、超高可靠低时延通信（uRLLC）和海量机器类通信（mMTC）。

### （二）5G 技术的应用领域

#### 1. 工业领域

以 5G 技术为代表的新一代信息通信技术与工业经济深度融合，为工业乃至产业数字化、网络化、智能化发展提供了新的实现途径。

#### 2. 能源领域

在电力领域，5G 技术应用主要面向输电、变电、配电、用电 4 个环节展开，应用场景主要涵盖了采集监控类业务及实时控制类业务。在煤矿领域，5G 技术应用涉及井下生产与安全保障两大部分。

#### 3. 教育领域

5G 技术在教育领域的应用主要围绕智慧课堂及智慧校园两方面展开。例如，5G+智慧课堂可实时传输影像信息，为两地提供全息、互动的教学服务，为教学等提供全面、客观的数据分析，从而提升教育教学的精准度。

#### 4. 医疗领域

5G 技术通过赋能现有智慧医疗服务体系，提升远程医疗、应急救护等的服务能力和管理效率，并催生 5G+远程超声检查、重症监护等新型应用场景。

#### 5. 文旅领域

5G 技术在文旅领域的创新应用将助力文旅游行业步入数字化转型的快车道，如 5G+智慧文旅应用场景主要涵盖景区管理、游客服务、文博展览、线上演播等环节。

#### 6. 金融领域

金融科技相关机构正积极推进 5G 技术在金融领域的应用探索，应用场景多样化。银行业是 5G 技术在金融领域落地应用的先行军，除银行业外，证券、保险和其他金融行业也在积极推动"5G+"的发展。

## 六、计算机网络技术在物流中的应用

【案例 4-2】　　　　　京东物流 5G 智能开放平台 LoMir

京东物流积极探索 5G 时代智能物流全面物联网化的未来形态，先后完成从牵手中国三大运营商布局 5G，到 5G 智能创新在"亚洲一号"智能物流运营中心落地，再到打造 LoMir（络谜）5G 智能开放平台，将自身在 5G 技术的应用和积累第一时间开放共享的"5G 三连跳"。

例如，位于北京"亚洲一号"智能物流运营中心的5G智能物流示范园区借助5G高带宽+低时延+广连接的技术特性，通过5G+高清摄像头，不仅可以实现人员的定位管理，还可以感知仓内生产区拥挤程度，及时进行资源优化调度，极大地提高了生产效率；5G技术与工业物联网相结合，可以对园区内的人员、资源、设备进行管理与协同。另外，5G技术还帮助园区智能识别车辆，并智能导引货车前往系统推荐的月台作业，让园区内的车辆更加高效、有序运行。

京东物流将依托5G技术，通过人工智能、物联网、自动驾驶、机器人等智能物流技术和产品融合应用，打造高智能、自决策、一体化的智能物流示范园区。其推动所有人、机、车、设备的一体互连，包括自动驾驶、自动分拣、自动巡检、人机交互的整体调度及管理，搭建5G技术在智能物流方面的典型应用场景。

（资料来源：全球智能物流峰会）

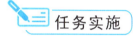

**任务背景：** 为了引导学生深入了解5G技术在物流中的应用，将全班同学分为3组，分别搜集5G技术在仓储、运输及配送环节应用的典型案例。

**任务要求：** 3组同学分别搜集5G技术在仓储、运输及配送环节应用的典型案例，撰写调研报告并分享。

**实施步骤如下。**

（1）3组同学分别搜集5G技术在仓储、运输及配送环节应用的典型案例。

（2）撰写调研报告。

（3）小组代表汇报调研报告。

（4）修正、优化调研报告。

完成任务评价（表4-2）。

表4-2 任务评价

任务评价得分：

| 序号 | 评价项目 | 分数 | 自我评分 | 教师评分 |
|---|---|---|---|---|
| 1 | 能够搜集典型案例 | 30 | | |
| 2 | 能够撰写调研报告 | 30 | | |
| 3 | 小组代表能够汇报 | 30 | | |
| 4 | 能够优化调研报告 | 10 | | |

注：任务评价得分=自我评分×40%+教师评分×60%。

# 任务三　电子数据交换技术及应用

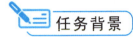 **任务背景**

在国际贸易中，由于交易双方地处不同的国家和地区，在大多数情况下，贸易活动是简单的、面对面的买卖活动，而且是必须以银行为担保，以各种纸面贸易单证为凭证方能达到商品与货币交换的目的。这时，纸面贸易单证就代表了货物所有权的转移。

全球贸易额的增长带来了各种贸易单证、文件数量的激增。在各类商业贸易单证中，有相当大的一部分数据是重复出现的，需要反复输入，而反复输入浪费人力、浪费时间、降低效率。因此，纸面贸易单证成了阻碍贸易发展的一个比较突出的因素。

另外，在整个贸易链中，由于绝大多数企业既是供应商又是销售商，加快商业贸易单证的传递速度和处理速度成了所有贸易链成员的共同需求。同时，通信条件和技术的完善以及网络的普及又为电子数据交换技术的应用打下了坚实的基础。

时至今日，电子数据交换技术经历了萌芽期、发展期，已步入成熟期。英国的电子数据交换技术专家明确指出："以现有的信息技术水平，实现电子数据交换已不是技术问题，而仅是一个商业问题。"

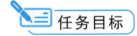 **任务目标**

**知识目标**

（1）掌握电子数据交换的概念、电子数据交换系统的分类。

（2）掌握电子数据交换系统的组成和功能。

（3）掌握电子数据交换技术的应用领域。

**能力目标**

（1）能够对电子数据交换系统进行分类。

（2）能够根据不同的电子数据交换技术应用场景，概述电子数据交换系统的功能。

**素质目标**

培养安全意识、信息素养、工匠精神、创新思维。

 **知识准备**

## 一、电子数据交换的概念

电子数据交换是指按照统一规定的一套通用标准格式，将标准的经济信息通过通信网络在贸易伙伴的计算机系统之间进行数据交换和自动处理。

由于使用电子数据交换能有效地减少贸易过程中的纸面单证，所以电子数据交换也被俗称为"无纸交易"。电子数据交换是将贸易、运输、保险、银行和海关等行业的信息，用一种国际公认的标准格式，通过计算机通信网络，在各有关部门、公司与企业之间进行交换与处理，并完成以贸易为中心的全部业务过程。

## 二、电子数据交换系统的分类

根据功能，电子数据交换系统可分为四类。

（1）第一类电子数据交换系统是订货信息系统，它是最基本、最常用的电子数据交换系统。它又可称为贸易数据互换（Trade Data Interchange，TDI）系统，它用电子数据文件来传输订单、发货票和各类通知。

（2）第二类电子数据交换系统是电子金融汇兑（Electronic Fund Transfer，EFT）系统，即在银行和其他组织之间进行电子费用汇兑。电子金融汇兑已使用多年，但它仍在不断的改进中，最大的改进是同订货信息系统联系起来，形成一个自动化水平更高的系统。

（3）第三类电子数据交换系统是交互式应答（Interactive Query Response）系统，它可应用在旅行社或航空公司作为机票预定系统。它在应用时要询问到达某一目的地的航班，要求显示航班的时间、票价或其他信息，然后根据旅客的要求确定需要的航班并打印机票。

（4）第四类是带有图形资料自动传输功能的电子数据交换系统。其中，最常见的是计算机辅助设计图形的自动传输系统，比如设计公司完成一个厂房的平面布置图，将平面布置图传输给厂房的主人，请其提出修改意见。一旦设计被认可，系统将自动输出订单，发出购买建筑材料的报告，并在收到这些建筑材料后自动开出收据。

## 三、电子数据交换技术的优点

电子数据交换技术的使用，改善了交易中大量纸上作业的不便，数据、文件的传输均由电子数据交换系统的终端机代劳，因此大大缩短了买卖双方交易过程的时间，电子数据交换技术的优点主要包括以下几个。

（1）减少了纸张文件的消耗。

（2）减少了大量重复劳动，提高了工作效率。

（3）使贸易双方能够以更迅速、更有效的方式进行贸易，大幅简化了订货过程或存货过程，使贸易双方能及时、充分地利用各自的人力和物力资源。

（4）可以改善贸易双方的关系，厂商可以准确地估计日后商品的需求量，货运代理商可以简化大量的出口文书工作，商业用户可以提高存货的效率，从而提高自己的市场竞争能力。

## 四、电子数据交换系统的组成及功能

### （一）电子数据交换系统的组成

电子数据交换的系统功能组成包含以下模块。

#### 1.用户接口模块

业务管理人员可以用此模块进行输入、查询、统计、中断、打印等，及时了解市场变化，调整策略。

### 2. 内部接口模块

内部接口模块是电子数据交换系统和企业内部其他信息及数据库的接口，即一份来自外部的电子数据交换报文，经过电子数据交换系统处理之后，大部分相关内容需要经内部接口模块送往其他信息系统，或查询其他信息系统才能给对方电子数据交换报文确定的答复。

### 3. 报文处理模块

该模块有两个功能。

（1）接受来自用户接口模块和内部接口模块的命令和信息，按照电子数据交换标准生成订单、发票等各种电子数据交换报文和单证，经格式转换模块处理之后，由通信模块经电子数据交换网络发给其他电子数据交换用户。

（2）自动处理由其他电子数据交换系统发来的报文。在处理过程中要与本企业信息系统相连，获取必要信息并给其他电子数据交换系统答复；同时，将有关信息发给本企业其他信息系统。如果由于特殊情况不能满足对方的要求，经双方电子数据交换系统多次交涉后不能妥善解决，则把这一类事件提交给用户接口模块，由人工干预、决策。

### 4. 格式转换模块

所有的电子数据交换单证都必须转换成标准的交换格式，而转换过程包括语法上的压缩、嵌套、代码的替换，以及必要的电子数据交换语法控制。注意，在格式转换过程中要进行语法检查，而对于语法出错的电子数据交换报文应拒收并通知对方重发。

### 5. 通信模块

该模块是电子数据交换系统与电子数据交换通信网络的接口，具有呼叫执行、自动重发、合法性和完整性检查、出错警报、自动应答、通信记录、报文拼装和拆卸等功能。

## （二）电子数据交换系统的功能

### 1. 命名和寻址功能

电子数据交换系统的终端用户的名字当中必须是唯一可表示的。电子数据交换系统的命名和寻址功能包括通信和鉴别两个方面。

### 2. 安全功能

电子数据交换系统的安全功能应包含在上述所有模块中，具体内容为：终端用户以及所有电子数据交换参与方之间的相互验证；数据完整性；电子数据交换参与方之间的电子（数字）签名；电子数据交换操作活动可能性的确定；密钥管理。

### 3. 语义数据管理功能

完整语义单元（CSU）是由多个信息单元（IU）组成的。语义数据管理功能的目标包括：IU 应该是可标识和可区分的；IU 必须支持可靠的全局参考；能够存取指明 IU 属性的内容；应能够跟踪对 IU 定位；终端用户提供方便和始终如一的访问方式。

## 五、电子数据交换技术的应用领域

电子数据交换技术凭借其简单、明确、安全的特性，广泛应用在以下领域。

### （一）金融、保险和商检

电子数据交换技术可以实现对外经贸的快速循环和可靠支付，缩短银行间转账所需的时间，提高可用资金的比例，加快资金的流动，简化手续，降低作业成本。

### （二）外贸、通关和报关

电子数据交换技术用于外贸领域，可提高用户的竞争能力；电子数据交换技术用于通关和报关领域，可加速货物通关，提高对外服务能力，减轻海关的业务压力，防止出现人为弊端，实现货物通关自动化和国际贸易的无纸化。

### （三）税务

税务部门可利用电子数据交换技术开发电子报税系统，实现纳税申报的自动化，既方便快捷，又节省人力、物力。

### （四）制造、运输和仓储

制造业利用电子数据交换技术能充分理解并满足客户的需求，制订供应计划，达到减少库存，加快资金流动的目的。运输业利用电子数据交换技术能实现货运单证的电子数据传输，充分利用运输设备、仓位，为客户提供高层次和快捷的服务。仓储业利用电子数据交换技术可加快货物的提取及周转速度，缓解仓储空间紧张的情况，从而提高利用率。

## 六、电子数据交换技术在物流中的应用

【案例 4-3】　　　　　　　　　　**阿里奇门云网关**

目前电子商务领域的发展有两个特点，一个是随着线上商家业务的不断发展壮大，对于服务的效率、体验等提出了更高的要求，商家越来越多地通过不同的软件服务来解决这些业务问题，分工不同的软件系统之间的自动化协作提高了商家的整体作业效率；另一个是零售业的全渠道化逐渐进入高速发展阶段，各种各样的 O2O（线上到线下）新业务对商家的零售支撑体系带来了新的挑战，如线上系统与门店系统的打通和协同，各种门店的智能应用与商家业务系统之间的数据通信。

以上两大特点使商家的零售系统架构体系日趋复杂化，无论内部还是外部的不同业务子系统之间的协作也日趋复杂，系统间通信日趋密切频繁。商家的业务信息如何在不同的异构系统间之间高效、安全、稳定地传输，异构的软件系统如何低成本，实现高效率对接，以及如何帮助商家进行业务体系升级，这些都成为亟须在架构层面解决的问题。

奇门云网关在此背景下应运而生，它致力于解决新零售场景下不同系统间通信协作中的几个相关问题。

（1）提供高可用网关，保障网络安全、通信安全和接入稳定性。

（2）对于行业的标准场景的对接（如 ERP-WMS、ERP-POS 等）制订标准化的协议，收敛适配成本，服务商的系统只需一次对接即可适配所有合作伙伴的系统。

（3）对于非标准化的场景对接，提供网关基础能力，支持服务商提供自己的开放服务。

（4）提供业务全链路的性能监控、业务效率监控能力，助力商家不断提升效率。

根据开放程度，业务场景可以分为自定义场景、聚石塔内外互通场景，以及官方集成场景。

1. 自定义场景

自定义场景支持服务商自定义场景和 API（应用程序接口），在调用方向上支持 ISV 系统调用 ISV 系统，也支持阿里内部系统调用 ISV 系统。

2. 聚石塔内外互通场景

对于聚石塔内外互通场景，官方定义了几种场景，包括奇门仓储、ERP-WMS、ERP-POS、线上 ERP-线下 ERP，并将它们作为官方聚石塔数据出塔的标准场景，但不限于聚石塔内使用，聚石塔外也支持使用。

如果数据出塔使用情况符合上述几种情况，则优先选择上述几种场景；如果以上场景无法满足，则可以通过自定义场景来做数据出塔。

3. 官方集成场景

官方集成场景主要用于打通阿里内部系统与服务商系统，场景和 API 由阿里官方定义，服务商需要选择指定的场景接入。

阿里奇门云网关工作流程如图 4-6 所示。

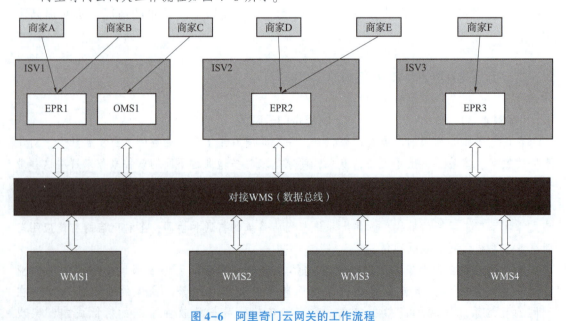

图 4-6　阿里奇门云网关的工作流程

## 知识链接

### 中国移动5G全力助力北部湾智慧港口建设

走进北部湾港钦州码头，现场智能理货无线链路发展水平令人眼前一亮。近年来，北部湾"AI+云+大数据"智能理货无线链路的发展水平，以及钦州港区智能理货的能力得了极大提升。

"5G+SD-WAN智能理货系统在北部湾港钦州码头启用至今，客户反馈良好。为了保障货物的正常进出口，我和同事们都是保持24小时在岗在线，让选择我们的企业信心满满。"

据广西移动钦州分公司工作人员介绍，自从该公司为北部湾港钦州码头提供5G智能专用局域网（5G+SD WAN）方案，高效实现流量分流于本地（数据不出园区）以来，钦州码头通过5G智能理货系统实现了岸桥吊车的前端无人化操作，北部湾港钦州码头理货员已告别"站位盯箱"，13名理货员及4名理货组长只需通过视频、岸桥远程操控中心从现场回传的识别图片、箱号/箱型/箱重、集卡号等数据，在远端理货室即可完成35台岸桥的理货作业，实现"多人一岸桥"到"一人多岸桥"的业务模式转变，与传统的理货作业相比，理货成本下降1.06元/TEU（标准箱），为企业提供了更大的提质增效空间。

目前，作为智慧海洋建设的重点项目——智能理货系统，已实现了和集装箱装卸船舱单电子数据交换系统、查验场可视化App、智慧湾卡口等融合，成功嵌入码头生产经营活动，推动生产效率及客户体验的双提升。同时，广西移动钦州分公司还在推动自贸区钦州港片区在高标准建成自动化集装箱码头、提升数字化水平方面发力，与码头公司相继合作建设了大揽坪南作业区堆场视频监控、智慧安防、5G+高精度定位等项目，进一步推动了港口的数智化升级。

据了解，自钦州港自贸区成立至今，广西移动钦州分公司已为钦州港片区建设开通4G和5G基站超过650个（其中5G基站超过200个）。无线网络和有线网络均已全部覆盖钦州港自贸区；5G网络覆盖率高达98.34%，重点建设区域全域覆盖，充分满足了北部湾港钦州码头经济发展的需求。

（资料来源：人民网）

## 任务实施

**任务背景**：分组搜索物流企业的电子数据交换技术应用情况，并形成调研报告。

**任务要求**：全体同学分成4组，每组搜集一例物流企业电子数据交换技术应用案例，形成调研报告并汇报。

**实施步骤如下。**

（1）分组搜索物流企业电子数据交换技术应用案例。

（2）每组完成调研报告。

（3）小组代表汇报。

（4）优化调研报告。

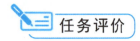 **任务评价**

完成任务评价（表4-3）。

表4-3 任务评价

任务评价得分：

| 序号 | 评价项目 | 分数 | 自我评分 | 教师评分 |
|------|----------|------|----------|----------|
| 1 | 能够搜集典型案例 | 30 | | |
| 2 | 能够撰写调研报告 | 30 | | |
| 3 | 小组代表能够汇报 | 30 | | |
| 4 | 能够优化调研报告 | 10 | | |

注：任务评价得分＝自我评分×40%＋教师评分×60%。

 **巩固提高**

**一、单选题**

1. 数据库是指长期存储在计算机内、有组织的、可共享的（　　）。

A. 数据类型　　　B. 数据模型　　　C. 数据结构　　　D. 数据集合

2. 数据库中的数据是按一定的数据模型组织、描述和存储的，具有（　　）的冗余度、较高的数据独立性和可扩展性，并且可以被多个用户、多个应用程序共享。

A. 较低　　　　　B. 较高　　　　　C. 平衡　　　　　D. 较少

3. 数据库系统的英文首字母缩写是（　　）。

A. DB　　　　　B. DBS　　　　　C. DBMS　　　　　D. DBA

4. 所谓（　　），是指在局部地区范围内的网络，它所覆盖的地区范围较小，在计算机数量配置上没有太多的限制，少的可以只有两台计算机，多的可达几百台计算机。

A. 局域网　　　　B. 城域网　　　　C. 广域网　　　　D. 互联网

5. （　　）又称为国际网络，指的是网络与网络所串连成的庞大网络，这些网络以一组通用的协议相连，形成逻辑上的单一巨大国际网络，是地球上最大的广域网。

A. 局域网　　　　B. 城域网　　　　C. 广域网　　　　D. 互联网

6. （　　）是具有高速率、低时延和大连接特点的新一代宽带移动通信技术，是实现人机物互连的基础技术。

A. 第二代移动通信技术　　　　　　B. 第三代移动通信技术

C. 第四代移动通信技术　　　　　　D. 第五代移动通信技术

**二、多选题**

1. 数据库系统一般由（　　）组成。

A. 数据库　　　　B. 硬件　　　　　C. 软件　　　　　D. 人员

2. 以下属于数据库系统组成部分的有（　　）。

A. 软件　　　　　B. 数据库　　　　C. 数据管理员　　　D. 硬件

3. 在目前的数据库系统中，常用的数据模型有（　　　）。

A. 层次模型　　　　B. 网状模型　　　　C. 关系模型　　　　D. 面向对象模型

4. 计算机网络技术的发展经历了（　　　）阶段。

A. 诞生　　　　　　B. 形成　　　　　　C. 互连互通　　　　D. 高速网络技术

5. 计算机网络按拓扑结构可分为（　　　）。

A. 星形网络　　　　B. 树形网络　　　　C. 总线形网络　　　D. 环形网络

6. 计算机网络按地理范围可分为（　　　）。

A. 局域网　　　　　B. 城域网　　　　　C. 广域网　　　　　D. 互联网

7. 电子数据交换系统包括（　　　）。

A. 订货信息系统　　　　　　　　　　B. 电子金融汇兑系统

C. 交互式应答系统　　　　　　　　　D. 带有图形资料自动传输功能的系统

8. 电子数据交换的系统必须具备的基本功能包括（　　　）。

A. 命名和寻址功能　　　　　　　　　B. 安全功能

C. 语义数据管理功能　　　　　　　　D. 数据传输功能

9. 阿里奇门云网关根据开放业务场景可以区分为（　　　）。

A. 自定义场景　　　　　　　　　　　B. 聚石塔内外互通场景

C. 官方集成场景　　　　　　　　　　D. 内置场景

### 三、判断题

1. 使用大数据技术不能降低物流成本。　　　　　　　　　　　　　　　　（　　　）

2. 关系模型的数据结构是三维表，它由行、列、空组成。　　　　　　　　（　　　）

3. 层次模型和网状模型是最早用于数据库系统的数据模型。　　　　　　　（　　　）

4. 广播式网络是无中心服务器、依靠用户群交换信息的互联网体系，它的作用在于减少以往网络传输中的节点，以降低信息丢失的风险。　　　　　　　　　　　　（　　　）

5. 星形网络是各工作站以星形结构连接起来的，网络中的每一个节点设备都以中央节点为中心。　　　　　　　　　　　　　　　　　　　　　　　　　　　　　　（　　　）

6. 计算机网络主要由计算机系统、数据通信系统、网络软件及协议三大部分组成。（　　　）

7. 电子数据交换俗称为"有纸交易"。　　　　　　　　　　　　　　　　　（　　　）

8. 电子数据交换是按照统一规定的一套通用标准格式，将标准的经济信息通过通信网络在贸易伙伴的计算机系统之间进行数据交换和自动处理的过程。　　　　　　（　　　）

9. 电子数据交换技术的应用增加了大量重复劳动，降低了工作效率。　　　（　　　）

### 四、简单题

1. 简述数据库的定义。

2. 简述数据库系统的组成。

3. 简述货车帮的发展历程。

4. 简述计算机网络的定义。

5. 简述计算机网络的发展历程。

6. 简述 5G 技术的应用领域。

7. 简述电子数据交换技术的优点。

8. 简述电子数据交换系统的功能组成。

9. 简述电子数据交换技术的应用领域。

# 物流预测与决策

## ▣ 项目简介

物流预测与决策是利用先进的、前沿的信息技术手段，根据客观事物的发展规律，从战略的角度对物流管理的发展趋势和状况进行描述、分析，且有效地对运输、仓储、存货控制、配送等物流活动做出决策安排。物流预测与决策是物流规划与实施的基础，在物流活动中起着非常重要的作用，它可以为物流企业揭示未来物流市场的发展趋势和方向，并能预测物流活动中可能发生的不同情况，使物流企业能够及时做出决策，从而防止或尽量减少不利情况对物流企业的影响。

## ▣ 职业素养

通过学习本项目，学生可以了解最新的物流信息技术，掌握物流信息技术的发展现状与趋势，培养热爱科学技术，运用创新思维思考、学习以及利用信息技术促进物流行业高质量发展的意识。

## ◉ 知识结构导图

# 任务一 "互联网+"

## 任务背景

互联网进入中国已有20多年，其从接入层到应用层都有翻天覆地的变化，与实体经济的结合越来越紧密。在接入层，从窄带到宽带，从PC互联网到移动互联网；在应用层，从最早的BBS、B2B电子商务等到网络文学、网络游戏、网络社交等，再到现在的网上零售、移动支付、导航等，应用越来越丰富多样。此外，休闲娱乐的应用热潮正在褪去，商务应用正在兴起。随着IT和移动互联网、物联网的飞速发展，信息网络的用户越来越多。如图5-1所示，截至2020年3月，我国网民规模为9.04亿，互联网普及率达64.5%。

近20年来，人们对互联网的认识经历了一个逐步深化的过程。起初，大多数企业把互联网当作一种工具，就像办公室里的打印机或复印机；后来，越来越多的企业，特别是传统企业，把互联网作为获取信息、联系客户、销售商品的渠道；但从2008年至今，互联网的作用越来越接近基础设施。如何理解这里的"基础设施"？这是指所有行业和企业的价值链、产品和服务，从创意产生、研发与设计、广告与营销、交易发起、服务与商品交付到售

**图 5-1 2013—2020 年网民规模和互联网普及情况**

(数据来源：中国产业信息网)

后服务，都可以在互联网上完成。

对互联网的不同认识，决定了"互联网+"的不同"变现"形式——如果"+"在后面，则是将互联网作为工具；如果"+"在前面，则是将互联网作为渠道；如果"+"在脚下，则是将互联网作为基础设施，只有这样才能实现整个经济形态的转型。

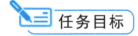

## 任务目标

**知识目标**

(1) 掌握"互联网+"的概念和我国"互联网+"的发展历程。

(2) 掌握"互联网+"的应用。

(3) 掌握"互联网+"对物流行业的促进作用。

**能力目标**

(1) 能够对采用"互联网+"模式的企业做出合理的分析。

(2) 能够根据"互联网+"的功能，对传统行业或企业的转型提出建议。

**素质目标**

(1) 培养"互联网+"思维，能够用"互联网+物流"的思维学习物流专业知识。

(2) 认识"互联网+"对物流行业的促进作用。

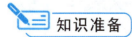

## 知识准备

2015 年 7 月 4 日，国务院印发《国务院关于积极推进"互联网+"行动的指导意见》。

2020 年 5 月 22 日，国务院总理李克强在 2020 年国务院政府工作报告中提出，全面推进"互联网+"，打造数字经济新优势。

"互联网+"是互联网思维的又一实践成果，它促进了经济形态的不断演变，带动了社会经济实体的活力，为改革、创新和发展提供了广阔的平台。通俗地说，"互联网+"是

"互联网+传统行业"，但这不是简单的结合，而是利用信息技术和互联网平台，使互联网与传统行业深度融合，创造新的发展生态。它代表了一种新的社会形态，即充分发挥互联网在社会资源配置中的优化整合作用，将互联网的创新成果深度融入社会经济，提升创新能力和生产能力，从而形成以互联网为基础设施和实现工具的新型经济发展方式。

## 一、"互联网+"的概念

"互联网+"是指在创新 2.0（信息时代、知识社会的创新形式）的推动下，由互联网发展起来的新业态，也是在创新 2.0 的推动下由互联网形态演进、催生的经济社会发展的新业态。

"互联网+"简单来说就是"互联网+传统行业"。随着科学技术的发展，信息技术和互联网平台的使用使互联网与传统行业融合，利用互联网优势创造了新的发展机遇。"互联网+"通过其自身优势来优化传统行业升级，使传统行业适应新的发展现状，从而最终促进社会的可持续发展，如图 5-2 所示。

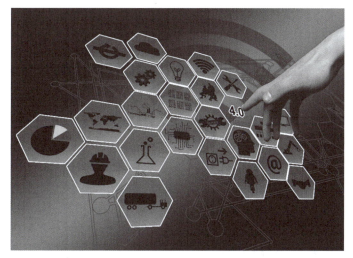

图 5-2 "互联网+"

## 二、我国"互联网+"的发展历程

我国"互联网+"理念的提出最早可以追溯到 2012 年 11 月易观国际董事长于扬在第五届移动互联网博览会的演讲。于扬第一次提出了"互联网+"的理念。他认为，未来的"互联网+"公式应该在"多屏+全网+跨平台用户"场景组合中产生。怎样找到企业所在行业的"互联网+"，这是企业所需要思考的问题。

微课："互联网+"
技术

2014 年 11 月，李克强总理出席首届世界互联网大会时指出，互联网是大众创业、万众创新的新工具。其中"大众创业、万众创新"是该次政府工作报告中的重要主题，它被称作中国经济增长和升级的"新引擎"，这显示了它的重要作用。

2015 年 3 月，在全国两会上，全国人大代表马化腾提交了《关于以"互联网+"为驱动，推进我国经济社会创新发展的建议》的议案，对经济社会的创新提出了建议和看法。他呼吁，要持续以"互联网+"为驱动，鼓励产业创新，促进跨界融合，惠及社会民生，推动我国经济和社会的创新发展。

2015 年 7 月 4 日，国务院印发《关于积极推进"互联网+"行动的指导意见》，这是推动互联网从消费领域向生产领域拓展，加速提升产业的发展水平，增强各行业的创新能力，构筑经济社会发展新优势、新动能的重要举措。

2015 年 12 月 16 日，第二届世界互联网大会在浙江乌镇开幕。在"互联网+"论坛上，中国互联网发展基金会联合百度、阿里巴巴、腾讯共同发起倡议，成立"中国'互联网+'联盟"。

2019 年，我国的《政府工作报告》明确提出加速开展新、旧动能接续转化，深入开展"互联网+"创新，实行包容审慎监管，推进大数据、云计算、物联网的广泛使用，新兴工业蓬勃展开，传统工业深入重塑。随着大数据、云计算、物联网等技能的日益成熟，互联网渗透到传统行业。

## 三、"互联网+"的应用

"互联网+"代表一种新的经济形态，它指的是依托互联网信息技术实现互联网与传统产业的联合，通过优化生产要素、更新业务体系、重构商业模式等途径完成经济转型和升级。"互联网+"的目的在于充分发挥互联网的优势，将互联网与传统产业深入融合，通过产业升级提升经济生产力，最后使社会财富增加。

### （一）工业

"互联网+工业"即传统制造业企业采用移动互联网、云计算、大数据、物联网等信息通信技术，改造原有产品和研发生产方式（图 5-3）。

图 5-3　互联网+工业

"互联网+工业"。借助互联网技术，使传统制造商可以在汽车、家电等工业产品上增加网络软/硬件模块，实现了用户远程操控、数据自动采集分析等功能，大幅改善了工业产品的使用体验。

## （二）商贸

在零售、电子商务等领域近些年广泛应用互联网技术，正如马化腾所言，"互联网+商贸"是对传统行业的升级换代，不是颠覆传统行业（图5-4）。

图 5-4 互联网+商贸

2020年，国家统计局公布了一季度主要经济数据，实物商品网上零售额为18 536亿元，同比增长5.9%，其中吃类和用类商品分别增长32.7%和10%。直播带货势头强劲，成为新的消费风口。直播带货为商家带来的成交订单数同比增长超过160%，新开播商家同比增长近300%。

## （三）智慧城市

要发展"智慧城市"，保护和传承历史、地域文化，加强城市供水/供气/供电、公交和防洪/防涝设施等建设，坚决治理污染、拥堵等城市病，让出行更方便，使环境更宜居（图5-5）。

图 5-5 智慧城市

智慧城市作为推动城镇化发展、解决超大城市病及城市群合理建设的新型城市形态，"互联网+"正是其解决资源分配不合理问题、重新构造城市机构、推动公共服务均等化等的利器。譬如在推动教育、医疗等公共服务均等化方面，基于互联网思维，搭建开放、互动、参与、融合的公共新型服务平台，通过互联网与教育、医疗、交通等领域的融合，推动传统行业的升级与转型，从而实现资源的统一协调与共享。

### （四）医疗

人们在现实中存在看病难、看病贵等问题，而"互联网+医疗"有望从根本上改善这一医疗生态（图5-6）。具体来讲，互联网将优化传统的诊疗模式，为患者提供一条龙的健康管理服务。在传统的医患模式中，患者普遍存在事前缺乏预防，事中体验差，事后无服务的情况。通过"互联网+医疗"，患者有望从移动医疗数据端监测自身健康数据，做好事前防范工作；在诊疗服务中，依靠移动医疗实现网上挂号、询诊、支付，节约了时间和经济成本，改善事中体验，并依靠互联网在事后与医生沟通。

图5-6  互联网+医疗

例如，基于人脸识别技术实现"互联网+医保"支付。山东省互联网医保大健康服务平台基于医保电子凭证和人脸识别技术，在患者通过人脸识别进行身份认证后，医生可调取患者过去3个月内的电子病历，在线开具处方，实现了医保在线支付结算一体化。未来，该平台将通过构建"互联网+医保+医疗+医药"综合医疗保障服务体系，满足山东省失能人员、慢病患者、困难群体和2 300万老人网上问诊、复诊购药、慢病续方、医保支付结算、送药上门等多样化的就医需求。

### （五）教育

一所学校、一位老师、一间教室，这是传统教育；一个教育专用网、一部移动终端，几百万学生，这是"互联网+教育"（图5-7）。

在教育领域，通过互联网面向中小学、大学、职业教育、培训等多层次人群提供学籍注册入学服务和开放课程，进行网络学习的学生一样可以参加国家组织的统一考试，足不出户就可以取得相应的文凭和技能证书。"互联网+教育"将使未来的一切教学活动都围绕互联网进行，如老师在互联网上教，学生在互联网上学，信息在互联网上流动，知识在互联网上成型，而线下活动则成为线上活动的补充与拓展。

图 5-7　互联网+教育

### （六）物流

"互联网+"在物流行业的应用很多，通过"互联网+"不仅能对物流行业的资源进行整合，有助于改变我国物流行业整体"散、乱、小、差"，交易双方信息不对等，中间过程冗余，标准化程度不高等方面的缺陷，而且，能够使金融、物联网、智能制造等元素融入物流行业，提高物流行业的附加值（图 5-8）。

图 5-8　互联网+物流

### 1. 电子数据交换技术的应用

现代物流行业通过与"互联网+"的融合，发展得更加迅猛，其在发展过程中积累的数据也更加复杂，因此对数据传输的有效性与安全性提出了更高要求，只有保证数据传输精准、安全，才能保障物流运输中各方的合法权益。在现代物流活动中，进出货、运输等各环节涉及大量数据信息，这些数据信息资源的整合则需要电子数据交换技术。借助电子数据交换技术能够将各类数据信息经过处理加工后进行有效传输，提高了数据传输效率，保证了数据安全，降低了数据传输成本。

### 2. 射频识别技术的应用

射频识别技术是一种无须接触就能识别数据的现代信息技术，是"互联网+"的重要组成部分。目前，该技术被广泛应用于现代物流的各个环节，有效提高了物流运输效率，实现了物流管理的智能化。射频识别技术在现代物流中的应用主要表现在以下三个方面。

（1）做好入库工作管理。在货物装配阶段，在线录入各项物资的具体信息，信息录入完成后使用相关系统和软件进行记录，并根据条码标签对货物进行分类包装，然后将已分类货物的详细信息输入电子标签，并将电子标签粘贴到包装上，最后由计算机网络规划货物的运输路线。

（2）做好在库工作管理。在货物在库阶段，通过射频识别系统能够实时在线管理各类货物信息，提高了货物管理的效率，节约了成本与时间，优化了库存。借助计算机网络，物流企业可以及时获取客户需求，及时开启补货流程，最大限度地发挥库存优化管理的效益。

（3）做好出库工作管理。在货物出库阶段，物流企业根据客户需求将订单信息发送给物资调配部门，物资调配部门将订单信息发送给射频识别系统，由射频识别系统将具体信息发送给仓库，仓库管理人员根据订单信息指令进行物资的匹配定位，从而完成相应的货物出库操作。

## 四、"互联网+"对物流行业的促进作用

### （一）有效降低物流成本，缩短物流时间

"互联网+"的突出特点是快速、高效，因此，在现代物流活动中借助"互联网+"可以有效提高物流运输效率，解决传统物流中的各种问题。一方面，可以有效节约物流成本，根据相关调查数据，通过"互联网+"可以方便快捷地在全球范围内搜集商业信息资源，帮助物流企业快速高效地捕捉商机；同时，通过计算机网络，可以有效降低空载率，从而降低物流成本，提高经济效益。另一方面，将"互联网+"运用于物流运输全过程，实时监控物流的各个环节，有效减少和防止货物的损坏和丢失，提高货物运输的安全性。

### （二）满足用户需求，实现信息资源共享

以计算机为主体的互联网信息技术具有开放性的特点，在现代物流活动中借助"互联网+"，可以打破空间和时间的限制，物流企业和客户可以实时沟通，共享信息资源；物流企业、上游供应商和下游客户之间形成一个网络共同体，客户可以利用计算机网络系统随时查询物流信息，减少运输过程中不必要的麻烦。同时，在"互联网+"的加持下，物流企业还可以根据客户的实际需求提供个性化服务，有效拉近与客户的关系，增强物流企业的市场竞争力。

## （三）让现代物流企业顺应时代发展

随着经济全球化和"互联网+"时代的到来，人类社会的发展进入新阶段，各产业、各领域的融合速度不断加快，市场竞争也越来越激烈。现代物流企业要加快与"互联网+"的深度融合，发展网络物流，以增强自身发展的活力与实力。网络物流可以提高物流企业运营管理的信息化水平，借助现代信息技术实现物流企业各部门之间的信息共享，提高运营效率；配送流程的网络化，主要是物流企业与其他关联企业之间实现信息的及时传递和共享，这也与计算机网络技术与信息技术的支持密不可分。

### 素养提升

#### 传化物流入选国家发改委"互联网+"百佳实践案例

《中国"互联网+"行动百佳实践案例》是国家发展和改革委员会为贯彻落实《国务院关于积极推进"互联网+"行动的指导意见》，梳理我国经济社会各领域与互联网融合创新发展的典型案例和实践经验所做出的重要评选，目的是指导和帮助地方、企业拓展思路，务实推进"互联网+"，将先进的实践案例和经验转化为转型动力。

传化物流紧紧围绕"物流价值链"与"增值服务价值链"，逐步构建公路港共享平台和信息服务系统共享平台，如图5-9所示。传化物流作为国内领先的公路物流行业平台运营商，一直致力于构建"中国智能公路物流网络运营系统"，计划通过"互联网物流平台网络"和"公路港共享平台网络"的互连互通，系统地解决中国公路物流短板问题，提升公路物流效率，降低公路物流成本，打造以"物流+互联网+金融服务"为特征的中国公路物流新生态。

图5-9　传化智联智能物流平台

对于提高物流效率，降低物流成本这一课题，传化物流早已开始了探索，传化物流正在搭建"中国智能公路物流网络运营系统"，为公路物流"装软件"。

中国智能公路物流网络运营系统分为3个部分。

（1）在全国主要物流节点城市和重点物流区域建设实体公路港，服务区域城市的生产和消费，打造跨区域中转的多式联运中心、城市物流中心和物流基地，带动周边城市群的生产和消费、多式联运的物流协同发展。连点成网，形成开放、共享的公路物流基础设施网络平台。

（2）开发建设集、分、运、配高效协同，智能调度和物流过程透明化管控的智能物流信息系统，用于全网指挥调度、协同运输管理、公路港数字化管理、运输安全监控。通过智慧物联实现对物流业务的智能管理。

（3）在基础设施网络平台和智能物流信息系统的基础上，衍生出一系列物流互联网应用、物流金融产品、供应链增值服务，为物流产业链上的各类主体提供高效精准的服务。

在公路物流骨干网的基础上，传化物流建设了一张物流的物联网，最后形成了一个智能的物流管理平台，从而实现物流的指挥调度、跟踪监控、协同作业。

创新业务平台主要基于大数据中心打造三层服务体系，即打造"陆鲸""易货嘀""传化运宝"等开放的物流互联网产品，形成了"共创、共赢、共享"的传化物流创客平台，在货源端提供多维度的物流服务体系。最后，通过产业供应链营运体系来提供包括物流在内的一系列供应链增值服务，为货主企业、物流企业及个体货运司机等公路物流主体提供综合性物流及配套服务，共同形成"高效的货物调度平台""优质的货运生活服务圈"，以及"可靠的物流诚信运营体系"，发展公路物流O2O全新生态。

此次传化物流得以入选《中国"互联网+"行动百佳实践案例》，重要的原因是其依托对物流业转型升级等方面所做的探索实践和取得的显著成效，实现了技术创新、服务创新、模式创新，推动了新业态发展，促进了物流行业的转型升级。

（资料来源：传化物流）

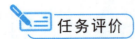 **任务实施**

**任务要求**：学生阐述对"互联网+"概念的理解，并结合案例，讨论出"互联网+"对物流行业的作用。

**实施步骤如下。**

（1）将学生分组，2~3人一组。

（2）学生阅读案例，并通过互联网查找相关资料。

（3）小组讨论"互联网+"在实际中运用，及其对物流行业的作用。

（4）将讨论得到的结果制作成演示文稿进行汇报展示。

**任务评价**

完成任务评价（表5-1）。

表 5-1　任务评价

任务评价得分：

| 序号 | 评价项目 | 分数 | 自我评分 | 教师评分 |
|---|---|---|---|---|
| 1 | 能够正确阐述"互联网+"的概念 | 10 | | |
| 2 | 能够结合实际说出"互联网+"的具体运用 | 30 | | |
| 3 | 能够说出"互联网+"对物流行业的作用 | 30 | | |
| 4 | 演示文稿制作简洁、美观 | 20 | | |
| 5 | 能够展示演示文稿 | 10 | | |

注：任务评价得分=自我评分×40%+教师评分×60%。

# 任务二　大数据技术

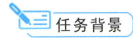

## 任务背景

　　麦肯锡是第一个提出大数据时代到来的人："数据，已经渗透到当今每一个行业和业务职能领域，成为重要的生产因素。人们对于海量数据的挖掘和运用，预示着新一波生产率增长和消费者盈余浪潮的到来。"

　　在大数据时代，数据的应用已渗入各行各业，而大数据技术为企业分析和产业发展带来了新的视角，将充分激发数据对社会发展的影响和推动作用。

　　在科技飞速发展的信息时代，互联网已经与人们的生活紧密联系起来，人们无时无刻不在产生数据（图5-10），这些零散的数据看起来似乎没什么用，但如果它们经过系统的整合处理，就会变得非常有价值。正是因为传统的数据处理和分析方式已无法支撑起如此庞大的数据量，大数据技术的出现挑起了这一大梁。大数据技术已是各行业、企业竞争的优势，而大多数企业已经认识到，只要通过大数据技术挖掘出有利的数据价值信息就能增强竞争力。

图 5-10　大数据

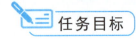

## 任务目标

**知识目标**

（1）掌握大数据技术的概念及知识框架。

（2）掌握数据挖掘技术的起源及应用场景。

（3）掌握数据分析方法。

（4）了解大数据技术在物流行业中的应用案例。

**能力目标**

（1）能够阐述数据集、数据等基本概念。

（2）能够列举大数据技术在物流行业中的应用案例。

**素质目标**

学会运用大数据思维解决问题。

微课：大数据技术

# 一、大数据概述

## （一）大数据时代

如表 5-2 所示，人类已经经历了三次信息化浪潮。随着互联网技术的发展和第三次信息化浪潮的到来，大量事务产生的数据都已信息化，人类产生的数据量与以前相比呈爆炸式增长，传统的数据处理技术已经不能满足要求，于是出现了一套用来处理海量数据的软件工具，这就是大数据技术。

表 5-2　三次信息化浪潮

| 信息化浪潮 | 发生时间 | 标志 | 解决问题 | 代表企业 |
|---|---|---|---|---|
| 第一次浪潮 | 1980 年前后 | 个人计算机 | 信息处理 | 英特尔、AMD、IBM、苹果、微软、联想、戴尔、惠普等 |
| 第二次浪潮 | 1995 年前后 | 互联网 | 信息传输 | 雅虎、谷歌、阿里巴巴、百度、腾讯等 |
| 第三次浪潮 | 2010 年前后 | 物联网、云计算和大数据 | 信息爆炸 | Facebook、亚马逊、美团、今日头条、滴滴等 |

信息科技为大数据时代提供技术支撑，主要表现在：第一，存储设备容量不断增加，存储设备的价格逐年下降；第二，CPU 处理能力大幅提升，CPU 晶体管数目增长迅速；第三，网络带宽不断增加。在信息化基础设施方面，工业和信息化部在 2021 年 1 月 26 日发布，截至 2020 年年底，我国互联网宽带接入端口数量达到 9.46 亿个，其中光纤接入端口数量达到 8.8 亿个，占比由 2019 年年底的 91.3% 提升至 93%。三家基础电信企业的固定互联网宽带接入用户总数达 4.84 亿户，其中光纤接入用户总数为 4.54 亿户，占比由 2020 年年底的 92.9% 提升到到 93.9%，远高于全球平均的 67.5%。光纤接入速率稳步提升，截至 2020 年年底，我国 100 Mbit/s 及以上接入速率的固定互联网宽带接入用户总数达 4.35 亿户，占固定宽带用户总数的 89.9%，占比较 2020 年年底提高 4.5%。千兆网络覆盖范围不断扩大，1 000 Mbit/s 及以上接入速率的用户总数达到 640 万户，比 2020 年年底净增 553 万户。

截至 2020 年年底，我国新建 5G 基站数超过 60 万个，基站总规模在全球遥遥领先。三家电信企业均在第四季度开启 5G SA 独立组网规模商用，使我国成为全球 5G SA 商用第一梯队国家。我国 5G 用户规模同步快速扩大，5G 用户规模以每月新增千万用户的速度爆发式增长，至 2020 年年底我国 5G 手机终端连接数近 2 亿个。

数据产生方式的变革加速了大数据时代的来临。第一阶段是运营式系统阶段，数据库的出现使数据管理的复杂程度大大降低，数据伴随着一定的运营活动而产生并被记录在数据库中，数据的产生方式是被动的。第二阶段是用户原创内容阶段，出现了 Web2.0，而 Web2.0 最重要的标志便是用户原创内容，智能手机等移动设备加速内容的产生，数据的产生方式是主动的。第三阶段是感知式系统阶段，感知式系统的广泛使用、人类社会数据量的第三次大飞跃，最终导致大数据的产生。表 5-3 所示为大数据发展的三个阶段。

表 5-3　大数据发展的三个阶段

| 阶段 | 时间 | 内容 |
|---|---|---|
| 萌芽期 | 20 世纪 90 年代至 21 世纪初 | 随着数据挖掘理论和数据库技术的逐步成熟，一批商业智能工具和知识管理技术开始被应用，如数据仓库、专家系统、知识管理系统等 |
| 成熟期 | 21 世纪前 10 年 | Web2.0 应用迅猛发展，非结构化数据大量产生，传统数据处理方法难以应对，带动了大数据技术的快速发展，大数据解决方案逐渐走向成熟，形成了并行计算与分布式系统两大核心技术 |
| 大规模应用期 | 2010 年以后 | 大数据应用渗透到各行各业，数据驱动决策，信息社会智能化程度大幅提高 |

### （二）　大数据的概念

在了解大数据的概念之前，需要先了解数据和数据集的概念。数据是事实或观察的结果，是对客观事物的逻辑归纳，是用来表示客观事物的未加工的原材料。数据可以是声音、图像等连续的值，称为模拟数据；也可以是符号、文字等离散的值，称为数字数据。数据集也称为资料集、数据集合或资料集合，是指由数据组成的集合。

研究机构 Gartner 对大数据的定义如下：大数据是需要新处理模式才能具有更强的决策力、洞察发现力和流程优化能力来适应海量、高增长率和多样化的信息资产。

麦肯锡全球研究所给出的定义是：大数据是一种规模大到在获取、存储、管理、分析方面大大超出了传统数据库软件工具能力范围的数据集合，具有海量的数据规模、快速的数据流转、多样的数据类型和低价值密度四大特征，如图 5-11 所示。

#### 1. 海量的数据规模

根据互联网数据中心（Internet Data Center，IDC）做出的预测，数据一直都在以每年 50% 的速度增长，也就是说，每两年就增长 1 倍（大数据摩尔定律），人类在最近两年产生的数据量相当于之前产生的全部数据量。截至 2020 年，全球总共拥有 35ZB 的数据量，相较于 2010 年，数据量将增长近 30 倍。

图 5-11　大数据的特点

## 2. 多样的数据类型

大数据是由 10% 的结构化数据（如数字、符号等数据）和 90% 的非结构化数据（如文本、图像、声音、视频等数据）组成的。结构化数据存储在数据库中，非结构化数据则与人类信息密切相关。

## 3. 快速的数据流转

数据从生成到消耗，时间窗口非常窄，可用于生成决策的时间非常短，如在 1 分钟内，新浪用户可以发送 2 万条微博，苹果用户可以下载 4.7 万次应用，淘宝可以卖出 6 万件商品，人人网可以发生 30 万次访问，百度可以产生 90 万次搜索查询。

大数据帮助人们做到了很多过去做不到的事情，比如城市的智能交通管理。以前没有智能手机和智能汽车，很多大城市虽然有交通管理中心，但它们收集的路况信息最快也要滞后 20 分钟。此时用户看到的可能已经是半小时前的路况了，那这样的信息使用价值较低。但是，具有定位功能的智能手机普及以后情况就不一样了。大部分用户开放了实时位置信息，提供地图服务的公司能实时得到人员流动信息，并且根据流动速度和所在位置区分步行的人群和行驶的汽车，然后提供实时的交通路况信息，为用户带来便利。这就是大数据的时效性带来的益处。

## 4. 低价值密度

以监控视频为例，在连续不间断的监控过程中，可能有用的数据仅有 1~2 秒，但是它们具有很高的商业价值。

## 二、大数据的关键技术

大数据包括数据采集、数据存储和管理、数据处理与分析、数据隐私和安全 4 个技术层面，每个技术层面都有对应的功能，见表 5-4。

表 5-4　大数据的不同技术层面及其功能

| 技术层面 | 功　　能 |
|---|---|
| 数据采集 | 利用 ETL 工具将分布的、异构数据源中的数据如关系数据、平面数据等抽取到临时中间层后进行清洗、转换、集成，最后加载到数据仓库或数据集市中，使其成为联机分析处理、数据挖掘的基础；也可以把实时采集的数据作为流计算系统的输入，进行实时处理分析 |
| 数据存储和管理 | 利用分布式文件系统、数据仓库、关系数据库、NoSQL 数据库、云数据库等，实现对结构化、半结构化和非结构化海量数据的存储和管理 |
| 数据处理与分析 | 利用分布式并行编程模型和计算框架，结合机器学习和数据挖掘算法，实现对海量数据的处理和分析；对分析结果进行可视化呈现，帮助人们更好地理解数据、分析数据 |
| 数据隐私和安全 | 在从大数据中挖掘潜在的巨大商业价值和学术价值的同时，构建隐私数据保护体系和数据安全体系，从而有效保护个人隐私和数据安全 |

### 三、数据挖掘技术的产生

20 世纪 90 年代，随着数据库系统的广泛应用和网络技术的飞速发展，数据库技术进入了一个新阶段，从过去对一些简单数据的管理，发展到对由各种图形、图像、音频、视频、电子档案、Web 页面等多种类型组成的复杂数据的管理，而且数据量在不断增加。数据库为人们提供了丰富信息，也明显体现出海量信息的特征。在信息爆炸的时代，海量信息给人们带来了许多负面影响，最重要的是很难提取有用的信息，太多无用的信息必然会产生信息距离和导致有用知识的丢失。这也就是约翰·内斯伯特（John Nalsbert）所说的"信息丰富而知识贫乏"的窘境。

因此，人们迫切希望对海量数据进行深入分析，发现和提取隐藏的信息，以便更好地利用这些数据。但仅仅通过数据库系统的录入、查询、统计等功能，是无法发现数据中的关系和规则，不仅无法根据现有数据预测未来的发展趋势，还缺乏挖掘数据背后隐藏知识的手段。在这样的条件下，数据挖掘技术应运而生。

### 四、数据挖掘技术的应用

近年来，数据挖掘技术在信息产业界引起了极大的关注，主要原因是有大量数据可以广泛使用，迫切需要将这些数据转化为有用的信息和知识。所获得的信息和知识可广泛用于商务管理、生产控制、市场分析、工程设计和科学探索等各种应用。

例如，数据挖掘帮助 Credilogros Cía Financiera S. A. 改善了客户信用评分。

Credilogros Cía Financiera S. A. 是阿根廷第五大信贷公司，对于该公司而言，识别与潜在预付款客户相关的潜在风险非常重要，以便将风险降至最低。该公司的第一个目标是创建一个该公司和两家信用报告公司系统交互的决策引擎，用以处理信贷申请。同时，该公司也在为低收入客户寻找定制的风险评分工具。除了这些需求之外，相关解决方案需要能在该公司的 35 个办公地点和 200 多个相关销售网点中的任何一处实时操作，包括零售家电连锁店和手机销售公司。最终，该公司选择了一款数据挖掘软件，因为它可以灵活、轻松地整合到核心信息系统中，将用于处理信用数据和提供最终信用评分的时间缩短到了 8 秒以内，这使该公司能够迅速批准或拒绝信贷请求。该数据挖掘软件还能将每个客户必须提供的身份证明文档最小化，在某些特殊情况下，只需要一份身份证明便可完成信贷授权。此外，该数据挖掘软件还提供了监控功能。该公司目前平均每月能处理 35 000 份申请，贷款支付失职减少了 20%。

### 五、数据分析方法

数据挖掘分析领域中最常用的 4 种数据分析方法分别是描述型分析、诊断型分析、预测型分析和指令型分析。

### （一）描述型分析：发生了什么？

描述型分析是最常见的数据分析方法。在实际业务中，这种方法为数据分析人员提供了重要的指标和衡量业务的方法。例如，数据分析人员可以通过月收入和损失账目，获得大量客户的数据。了解客户的地理信息便是描述型分析的方法之一。可视化工具可以有效地增强展示描述型分析所提供信息的效果。

### （二）诊断型分析：为什么会发生？

描述型分析的下一步就是诊断型分析。通过评估描述型数据，诊断分析工具能让数据分析人员深入地分析数据，挖掘数据的核心。接下来，按照时间序列进行数据读取、特征过滤和数据挖掘等活动，以便更好地分析数据。

### （三）预测型分析：可能发生什么？

预测型分析主要用于预测。预测模型可以实现对事件发生的可能性、可量化的值或者事情发生时间的预测，预测模型通常使用各种可变数据来进行预测。数据的多样化与预测结果密切相关。在不确定的环境中，预测型分析可以帮助用户做出更好的决策。另外，预测型分析也是一种应用于许多领域的重要方法。

### （四）指令型分析：需要做什么？

指令模型是在分析"发生了什么""为什么会发生"和"可能发生什么"的基础上，帮助用户决定应该采取的措施。一般来说，指令型分析不是一种单独使用的方法，而是在前面的所有分析完成之后，最终需要实施的分析方法。例如，交通规划分析会对每条路线的距离、行驶速度以及当前的交通管制等因素进行考量，从而选择最佳路线。

## 六、大数据技术在物流中的应用

怎样才能通过大数据分析提高物流企业的服务水平是在大数据时代物流企业信息化建设所面临的最大挑战。在物流行业中，供应商、制造商、批发商、零售商和消费者是紧密相连的，其中涉及的数据量极大且具有一定的价值。对于这些数据，在不断加大大数据方面投入的同时，物流企业不仅要把大数据视为一种数据挖掘和数据分析的技术，更应该把大数据视为一项战略资源，充分利用大数据所带来的发展优势，在战略规划、商业模式和人力资本等方面做出全方位部署。大数据技术在物流中的应用如下。

### （一）大数据技术在物流决策中的应用

在物流决策过程中，大数据技术的应用包括竞争环境的分析与决策、物流供需的匹配协调、物流资源的优化配置等。

在竞争环境的分析与决策中，为了使利益最大化，需要与合适的物流、电商等企业合作，全面分析竞争对手，预测其行为、动向，以便了解在某个区域或在某个时期应该选择哪个合作伙伴。

在物流供需的匹配协调方面，需要分析特定时期、区域的物流供需情况，以便进行合理的配送管理。供需情况也需要采用大数据技术从大量的半结构化网络数据和企业已有的结构化数据中获得。

物流资源的优化配置主要包括运输资源、仓储资源等的优化配置。物流市场具有很强的动态性和随机性，需要对市场变化情况进行实时分析，从海量数据中提取当前的物流需求信息；同时，优化已配置和准备配置的资源，实现对物流资源的合理利用。

### （二）大数据技术在物流企业行政管理中的应用

大数据技术也可以应用在物流企业行政管理中。例如，在招聘人才时，物流企业需要选择合适的人才，那么就要对人才进行个性分析、行为分析、岗位匹配度分析，在对在职人员进行管理时，也需要对他们进行忠诚度、工作满意度等方面的分析。

### （三）大数据技术在物流客户管理中的应用

大数据技术在物流客户管理中的应用，主要表现在物流服务的客户满意度分析、老客户忠诚度分析、客户需求分析、客户的评价与反馈分析、潜在客户分析等方面。

### （四）大数据技术在物流智能预警中的应用

物流业务的特点有突发性、随机性和不均衡性等，通过大数据分析，可以有效地了解消费者的喜好，预测消费者的消费可能，提前做好商品的调配工作，合理规划物流路线从而提高高峰时段物流运送效率。

大数据技术作为一项新兴技术，它给物流业带来了挑战，也带来了机遇，因此，合理利用大数据技术将对物流企业的管理决策、客户关系维护和资源配置等有很大帮助。

## 七、大数据技术的其他应用

大数据技术的其他应用如图 5-12 所示。

（1）全球零售业巨头沃尔玛在对消费者购物行为进行分析时发现，男性客户在购买婴儿尿布时，常常会顺便搭配几瓶啤酒来犒劳自己，于是尝试推出了将啤酒和尿布摆在一起出售的促销手段。没想到这个举措居然使尿布和啤酒的销量都大幅增加。如今，"啤酒+尿布"的数据分析成果早已成了大数据技术应用的经典案例，被人们津津乐道。

（2）微软公司利用大数据技术成功预测奥斯卡 21 项大奖。2013 年，微软纽约研究院的经济学家大卫·罗斯柴尔德利用大数据技术成功预测 24 个奥斯卡奖项中的 19 个，成为人们津津乐道的话题。2014 年，罗斯柴尔德再接再厉，成功预测第 86 届奥斯卡金像奖颁奖典礼 24 个奖项中的 21 个，继续向人们展示大数据技术的神奇魔力。

（3）现在智能手环可以监测用户日常的运动情况、睡眠情况等，并且根据监测结果给出一些运动计划、运动模式的建议，这背后其实就是大数据技术在起作用。智能设备中的数据在后端会被汇总为大数据的数据集群，智能设备经过分析处理再给出相应的建议。

（4）在国外，现在已经有一些科技公司开始把健康水平监测传感器放置在床垫下面，实时监测用户的心跳速率、呼吸速率、睡眠情况等。这些数据将会以无线的形式传输到用户的手机或平板电脑上，从而实现对健康状况的监测。

（5），谷歌自主研制的自动驾驶汽车分析来自传感器和摄像头的实时数据，从而保障用户在道路上的驾驶安全。

（6）在智能端，很多家庭现在都在使用智能电视盒/机顶盒，这些装备能够追踪用户正在看的内容，分析看了多久，甚至是有多少人在看这个节目，从而评估电视内容的流行度等指标。利用这些数据可以更好地为用户服务，也能帮助企业进行更精准的营销推广等。

（7）在教育领域，现在很多大学设置了流媒体的视频课程，学校可以利用大数据分析对教师的教学情况以及学生的学习情况进行评估，以此制订更加科学的教学计划等。

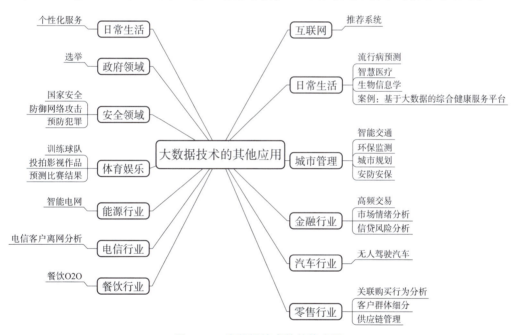

图5-12　大数据技术的其他应用

## 八、大数据产业

大数据产业是指一切与支撑大数据组织管理和价值发现相关的企业经济活动的集合。大数据相关产业见表5-5。

表 5-5　大数据相关产业

| 产业链环节 | 包含内容 |
|---|---|
| IT 基础设施层 | 包括提供硬件、软件、网络等基础设施以及提供咨询、规划和系统集成服务的企业，比如提供数据中心解决方案的 IBM、惠普和戴尔等，提供存储解决方案的 EMC，提供虚拟化管理软件的微软、思杰、SUN 等 |
| 数据源层 | 大数据生态圈中的数据提供者是生物大数据（生物信息学领域的各类研究机构）、交通大数据（交通主管部门）、医疗大数据（各大医院、体检机构）、政务大数据（政府部门）、电商大数据（淘宝、京东等电商）、社交网络大数据（微博、微信等）、搜索引擎大数据（百度、谷歌等）等各种数据的来源 |
| 数据管理层 | 包括数据抽取、转换、存储和管理等服务的各类企业或产品，比如分布式文件系统（如 Hadoop 的 HDFS 和谷歌的 GFS）、ETL 工具（Informatica、Datastage、Kettle 等）、数据库和数据仓库（Oracle、MySQL、SQL Server、HBase、GreenPlum 等） |
| 数据分析层 | 包括提供分布式计算、数据挖掘、统计分析等服务的各类企业或产品，如分布式计算框架 MapReduce、统计分析软件 SPSS 和 SAS、数据挖掘工具 Weka、数据可视化工具 Tableau、BI 工具（MicroStrategy、Cognos、BO）等 |
| 数据平台层 | 包括提供数据分享平台、数据分析平台、数据租售平台等服务的企业或产品，比如阿里巴巴、谷歌、中国电信、百度等 |
| 数据应用层 | 提供智能交通、智慧医疗、智能物流、智能电网等行业应用的企业、机构或政府部门，如交通主管部门、各大医疗机构、菜鸟网络、国家电网等 |

**素养提升**

### 物流大数据在亚马逊的应用实践

亚马逊是全球商品品种最多的网络零售商之一，它坚持自建物流方向，将集成物流与大数据紧密相连，从而在营销方面实现了更大的价值。由于亚马逊有完善、优化的物流系统作为保障，所以它能将物流作为促销的手段，并有能力严格地控制物流成本和有效地进行物流过程的组织运作。亚马逊在业内率先使用了大数据、人工智能和云计算等技术进行仓储物流管理，创新地推出了预测性调拨、跨区域配送、跨国境配送等服务。

**一、订单与客户服务中的大数据技术应用**

亚马逊物流大数据应用有五大类服务：浏览、购物、仓配、送货和客户服务。亚马逊基于大数据技术来精准分析客户的需求。通过系统记录的客户浏览历史，后台会把客户感兴趣的库存放在离他们最近的运营中心，以方便客户下单。不管客户在哪个地方，亚马逊都可以帮助客户快速下单，也可以很快知道客户喜欢的商品。亚马逊运营中心最快可以在 30 分钟之内完成整个订单的处理。仓储订单运营非常高效，订单处理、快速拣选、快速包装、分拣等所有过程都由大数据技术驱动，且全程可视化。亚马逊的物流体系会根据客户的具体需求时间进行科学配载，调整配送计划，实现客户定义的时间范围内的精准送达。另外，亚马逊还可以根据大数据的预测，提前发货，赢得绝对的竞争优势。亚马逊利用大数据技术驱动客户服务，创建了技术系统来识别和预测客户需求。根据客户的浏览记录、订单信息、来电问题，定制化地向客户推送不同的自助服务工具，大数据技术可以保证客户能随时随地联系到对应的客户服务团队。

### 二、智能入库管理技术

在亚马逊运营中心，从入库这一时刻就开始使用大数据技术。亚马逊采用独特的采购入库监控策略，基于过去的经验和所有历史数据的收集，来了解什么样的品类容易坏，然后对其进行预包装。这都是在收货环节提供的增值服务。亚马逊的 Cubi Scan 仪器会对新入库的中小体积商品进行长、宽、高和体积的测量，并根据这些商品信息优化入库环节。这给供应商提供了很大方便，客户不需要自己测量新品，这样能够大大提升新品上线速度。亚马逊数据库存储这些数据，在全国范围内共享，这样，其他库房就可以直接利用这些后台数据进行后续的优化、设计和区域规划。

### 三、智能拣货和智能算法

亚马逊使用大数据技术实现了智能拣货，主要表现在以下几个方面。

（1）智能算法驱动物流作业，保障最优路径。亚马逊的大数据物流平台的数据算法会给每个人随机地优化其拣货路径。系统会告诉员工应该去哪个货位拣货，并且可以确保拣货完成之后的路径最优化。通过这种智能的计算和智能的推荐，可以把传统作业模式的拣货路径至少减少 60%。

（2）图书仓的复杂作业方法。图书仓采用的是加强版监控，会限制那些相似品尽量不要放在同一个货位。批量图书的进货量很大，亚马逊通过对数据的分析发现，穿插摆放可以保证每个员工拣货的任务比较平均。

（3）畅销品的运营策略。亚马逊根据后台的大数据分析，可以知道客户对哪些商品的需求量比较大，然后把这些商品放在离发货区比较近的地方——有些放在货架上的，有些放在托位上的，这样可以减少员工的负重行走路径。

### 四、智能随机存储

智能随机存储是亚马逊运营的重要技术，但是智能随机存储不是随便存储，而是有一定的原则。智能随机存储要考虑畅销商品与非畅销商品，还要考虑先进先出的原则，同时智能随机存储还与最佳路径有重要关系。随机上架是亚马逊的运营中心的一大特色，实现的是见缝插针的最佳存储方式。其看似杂乱，实则乱中有序。"乱"是指可以打破品类之间的界线，可以把不同品类放在一起。"有序"是指库位的标签就是它的 GPS，某个货位里的所有的商品其实在系统里的都是各就其位，被非常精准地记录在它所处的区域。

### 五、智能分仓和智能调拨

亚马逊智能分仓和智能调拨具有独特的技术优势，亚马逊中国的 10 多个平行仓的调拨完全是在精准的供应链计划的驱动下进行的，它实现了智能分仓、就近备货和预测式调拨。全国各个省市包括各大运营中心之间有干线的运输调配，以确保库存已经提前调拨到离客户最近的运营中心。整个智能化全国调拨运输网络很好地支持了平行仓的概念，在全国范围内，只要有货，客户就可以下单购买，这就是大数据技术支持全国运输调拨网络的充分表现。

### 六、精准库存预测

亚马逊的智能仓储管理技术能够实现连续动态盘点，库存预测的精准率可达99.99%。在业务高峰期，亚马逊通过大数据分析可以做到对库存需求的精准预测，在配货规划、运力调配，以及末端配送等方面做好准备，从而平衡了订单的运营能力，大幅降低了爆仓的风险。

### 七、可视化订单作业、包裹追踪

亚马逊实现了全球可视化的供应链管理，在中国就能看到来自大洋彼岸的库存。亚马逊平台可以让国内消费者、合作商和亚马逊的工作人员全程监控货物、包裹位置和订单状态。从前端的预约、收货到内部存储管理、库存调拨、拣货、包装，再到配送发货，整个过程环环相扣，其中都有大数据技术的支持，还可以实现可视化管理。

（资料来源：知乎——物流与供应链社区）

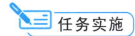 任务实施

**任务介绍：** 下载安装数据采集软件，完成软件注册，最后完成京东商品列表数据的采集。

**任务要求如下。**

（1）在机房使用台计算机完成任务。

（2）按照操作步骤完成数据采集软件的下载、安装、注册和使用，最终完成京东商品列表数据的采集。

（3）做到举一反三，能够灵活运用各种方法解决问题。

**实施步骤如下。**

（1）打开浏览器，进入八爪鱼官方网站（https：//www.bazhuayu.com/），如图5-13所示。

图5-13 步骤（1）

（2）下载该软件，完成安装和注册，并运行该软件。

（3）在该网站首页网址输入栏中输入网址"https：//search.jd.com"并单击"开始采集"按钮，该软件便会自动打开网页，如图5-14所示。

图5-14 步骤（3）

（4）打开网页后，选中京东搜索框，在搜索框中然后输入关键词"纸箱"。

（5）"搜索商品"按钮，如图5-15所示，出现关键词"纸箱"的搜索结果。

图5-15 步骤（5）

（6）该软件会进行自动识别采集，等待自动识别采集完成，可以看到当前预览采集列表的数据，单击"操作提示"对话框中的"生成采集设置"按钮，再单击页面左上方的"采集"按钮，如图5-16所示。

（7）单击"启动本地采集"按钮启动后该软件开始自动采集数据，如图5-17所示。

（8）等待采集完成后（如数据较多，可自行提前停止采集），选择合适的导出方式导出数据。支持导出格式为 Excel、CSV、HTML、数据库等。这里将导出格式设为 Excel。其数据实例如图5-18所示。

（9）完成上述任务后，自行完成关键词"李宁""特步""回力"的批量数据采集任务。

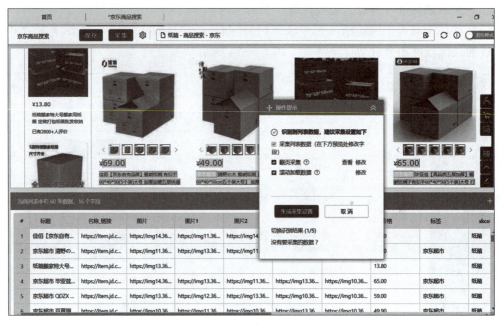

图 5-16　步骤（6）

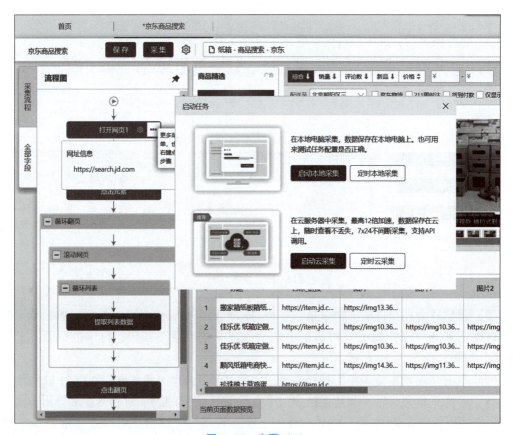

图 5-17　步骤（7）

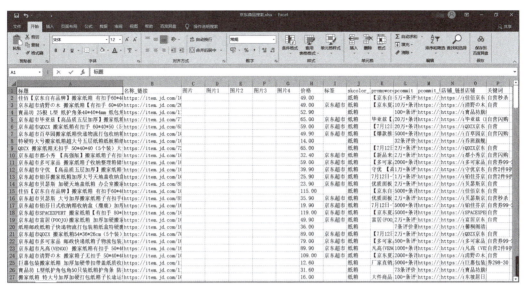

图 5-18　数据实例

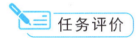任务评价

完成任务评价（表 5-6）。

表 5-6　任务评价

任务评价得分：

| 序号 | 评价项目 | 分数 | 自我评分 | 教师评分 |
|---|---|---|---|---|
| 1 | 能够正确按照步骤完成单个关键词的数据采集 | 40 | | |
| 2 | 能够完成多个关键词的批量数据采集 | 30 | | |
| 3 | 任务实施过程中的表现 | 20 | | |
| 4 | 展示成果时的表现 | 10 | | |

注：任务评价得分＝自我评分×40%＋教师评分×60%。

# 任务三 云计算技术

## 任务背景

当前，在"互联网+"时代背景下，云计算技术已成为数字经济发展的必备条件。我国大力加快实施大数据战略，大数据生态系统的日益完善给云计算技术的发展奠定了坚实的基础，云计算技术也反过来促进大数据应用的"井喷"。如今，云计算技术市场继续加速变化，云计算技术提供商之间的竞争继续升温。云计算技术的后端是云计算技术中心，对于云计算技术使用者来说，付出少量成本便可获得较好的用户体验。

云计算技术作为信息技术领域的一种创新应用模式，自诞生以来就备受关注。其由于具有成本低、调度灵活、方便易用、可靠性高、按需服务等的特点，所以被视为新一代信息技术变革和商业模式变革的核心技术。近几年，随着云计算技术的深入发展和加速落地，云计算平台已经成为更多行业用户的基础环境平台和业务承载平台。

> **知识链接**
>
> ### 阿里云分担 12306 的流量压力
>
> 春运火车票售卖量每年都在增加，而铁路系统运营网站 12306 却并没有出现明显的卡滞。同阿里云的合作是关键原因之一。12306 把余票查询系统从自身后台分离出来，在"云上"独立部署了一套余票查询系统。余票查询环节的访问量近乎占 12306 客户端流量的 90%，这也是往年造成网站拥堵的主要原因之一。把高频次、高消耗、低转化的余票查询环节放到云端，而将下单、支付这种"小而轻"的核心业务仍留在 12306 自己的后台系统上，这样的思路为 12306 减负不少。

## 任务目标

**知识目标**

(1) 了解云计算技术的起源。

(2) 掌握云计算技术的概念及知识架构。

(3) 了解云计算技术的应用场景。

(4) 掌握云存储、云处理、云安全的知识。

**能力目标**

能够列举云计算技术的应用案例。

**素质目标**

树立新技术改变生活的观念。

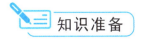 知识准备

## 一、云计算技术的起源

互联网从 1960 年开始兴起，主要用于军方、大型企业之间的纯文字电子邮件或新闻群组服务。直到 1990 年，互联网才开始进入普通家庭，随着 Web 网站与电子商务的发展，它已经成为人们离不开的生活必需品之一。云计算技术的概念最早是在 2006 年 8 月的搜索引擎会议上提出的（图 5-19）。

图 5-19 云计算

## 二、云计算技术的概念

"云"本质上是一种网络。

从狭义上讲，"云"是一种提供资源的网络，用户可以随时访问和获取"云"上的资源，根据自己的需求使用，可将"之"视为无限扩展的资源，用户只需要按使用量付费就可以了。"云"就像自来水厂一样，用户可以随时用水，按照实际的用水量支付相关费用给自来水厂就可以了。

从广义上讲，云计算技术是一种与信息技术、软件和互联网相关的服务，这种计算资源共享池称为"云"。云计算技术把计算资源集合起来，通过软件实现自动化管理，只需要少数人参与，就可以迅速提供资源。也就是说，计算能力作为一种商品，可以在互联网上流通，就像在日常生活中使用水、电、煤气一样方便，而且价格还很低。

总之，云计算技术不是一种新的网络技术，而是一种新的网络应用概念。云计算技术的核心概念是以互联网为中心，在网络上提供快速、安全的数据计算与数据存储服务，让每个使用互联网的人都能利用网络中巨大的计算资源和数据。

云计算技术是信息时代继互联网和计算机之后的又一项革新，是信息时代的一大飞跃，

未来可能是云计算技术的时代。虽然目前有关云计算技术的定义很多，但概括来说，云计算技术的基本含义是一致的，即云计算技术具有很强的可扩展性，能够为用户提供全新的体验，云计算技术的核心是将大量的计算机资源整合在一起，用户可以通过网络获得无限的资源，且不受时间和空间的限制。

### 三、云计算技术的知识架构

微课：云计算技术

云计算技术除了包括本身的数据计算处理外，还涵盖了云存储、云安全。

云计算技术是分布式处理、并行处理和网格计算的发展，云计算是将庞大的计算处理程序通过网络自动分拆成许多较小的子程序，然后交付多个服务器组成的庞大系统，经过计算和分析最后将处理结果传回用户的过程。通过云计算技术，网络服务提供商可以在几秒之内处理数以千万计甚至数以亿计的信息，提供与超级计算机一样强大的计算服务。

云存储是以云计算技术为基础发展起来的一种新型存储技术（图5-20）。云存储是以数据存储和管理为核心的云计算系统。用户可以利用云存储将本地资源上传到云端，随时随地访问互联网来获取云端的资源。谷歌、微软等大型公司都有云存储服务，而在国内，百度云和微云是市场份额最大的云存储平台。云存储为用户提供存储容器服务、备份服务、归档服务、记录管理服务等，极大限度地方便了用户对于资源的管理。

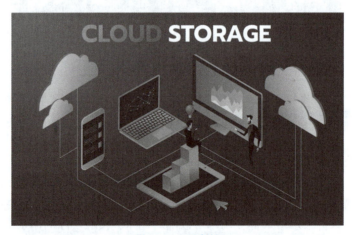

图 5-20　云存储

继云计算、云存储之后，云安全的概念也出现了。云安全是我国企业创造并提出的概念，在国际云计算领域中独树一帜（图5-21）。云安全是信息安全在网络中的最新体现，它融合新兴技术和概念，如并行处理、网格计算、未知病毒行为判断等，通过已连成网状的大量客户端对网络中的异常软件行为进行监测来获取网络中木马病毒、恶意程序的最新信息，传送到服务器端进行自动分析和处理，然后将相关解决方案分发到每个客户端。

图 5-21　云安全

## 四、云计算技术的平台体系

要实现云计算，需要创造一定的条件，尤其是平台体系必须具备以下几个关键特征。

（1）云计算系统必须具有智能化和自动化力，在减少人工作业的基础上实现自动化处理平台智能响应，因此云系统应内嵌自动化技术。

（2）在应对变化信号或需求信号时，云计算系统要有敏捷的反应能力和速度，因此对云计算的架构有一定的敏捷性要求。

（3）随着服务级别和增长速度的快速变化，云计算技术面临着巨大挑战，云计算系统应内嵌集群技术与虚拟技术以应对此类变化。

云计算技术的平台体系由用户界面、服务目录、管理系统、部署工具、监控和服务器集群组成。

（1）用户界面：主要用于云用户传输信息，是双方互动的界面。

（2）服务目录：提供用户选择所需服务的列表。

（3）管理系统：主要管理应用价值较高的资源。

（4）部署工具：可以根据用户的请求有效部署和协调资源。

（5）监控：主要管理和控制云计算系统中的资源，并制订相应的措施。

（6）服务器集群：包括虚拟服务器和物理服务器，隶属于管理系统。

云计算系统的资源数据非常广泛，资源信息更新迅速。若要获得精准可靠的动态信息，需要一条有效途径来确保信息的快捷性，而云计算系统能够有效部署动态信息，还具有资源监控的功能，有利于管理资源的使用情况。资源监控对整体系统性能起到关键作用，一旦监管不到位，使信息缺乏可靠性，就有可能导致引用错误的信息，这必然会对系统资源的分配产生负面影响。因此，落实好资源监控工作势在必行。在资源监控过程中，只要在各个云服务器上部署代理程序便可进行配置监管活动，如通过一个监视服务器连接每个云资源服务器，然后以某一时间段为周期将资源的使用情况上传到数据库，再由监视服务器综合数据库对所有资源的可用性进行分析、评估，最大限度地增强资源信息的有效性。

科学进步的发展往往倾向于半自动化操作，即实现出厂即用或经过简易安装后便可使用。事实上，云资源的可用状态也在发生变化，逐渐转变成自动化部署。对云资源进行自动化部署指的是在脚本调节的基础上能实现不同厂商对于设备工具的自动配置，减少人机交互、提高效率，避免超负荷人工操作等现象的发生，最终促进智能化进程。自动化部署主要是指通过自动安装与部署，实现计算资源从原始状态到可用状态的转化。它能够划分、部署与安装虚拟资源池中的资源，为用户提供各类应用服务，包括存储、网络等。系统资源的部署有很多步骤，自动化部署主要是利用脚本调用来自动配置与部署各个厂商设备管理工具，保证实际调用环节可以采取静默的方式，从而避免了烦琐的人机交互过程，不再依赖人工操作。此外，数据模型和工作流引擎是自动化部署管理工具的重要组成部分。一般来说，对于数据模型的管理就是将具体的软/硬件定义在数据模型中。工作流引擎是指触发和调用工作流，其目的是提高智能化部署水平，它擅长在较为集中与重复使用率高的工作流数据库中应用不同的脚本流程，以减小服务器的工作量。

## 五、云计算技术的应用场景

简单的云计算技术已经广泛分布在互联网服务中，最常见的是网络搜索引擎和电子邮箱。谷歌和百度是最著名的搜索引擎，无论何时何地，都可以通过移动终端在搜索引擎上搜索想要的资源，并会通过云端交换资源。在云计算技术和网络技术的推动下，电子邮箱已经成为社会生活的一部分，只要在网络环境下就可以实现实时的邮件发送。

云计算技术的应用场景主要包括4种：存储云、医疗云、金融云、教育云（图5-22）。

图5-22　云计算技术的应用场景

### （一）存储云

存储云又称为云存储，是在云计算技术的基础上发展起来的新型存储技术，前已述及，这里不再赘述。

### （二）医疗云

医疗云是指在云计算、移动互联网、多媒体、5G通信、大数据以及物联网等新技术的基础上，结合医疗技术，打造医疗健康服务云平台，共享医疗资源和扩大医疗范围。因为运用和结合了云计算技术，医疗云提高了医疗机构的效率，方便居民就医。网上预约挂号、电子病历等都是医疗云的产物；同时，医疗云具有数据安全、信息共享、动态扩展、全国布局的优势。

### （三）金融云

金融云是指利用云计算模型，将信息、金融和服务等功能上传到由庞大分支机构构成的互联网"云"中，旨在为银行、保险公司和基金证券公司等金融机构提供互联网服务，共享互联网资源，从而解决现存的问题，实现高效、低成本的目标。2013 年，阿里云整合阿里巴巴旗下资源，推出了阿里金融云服务。事实上，这就是现在已基本普及的快捷支付。结合金融和云计算技术，用户只需在手机上进行简单操作就可以完成银行存款、购买保险和进行基金交易。现在，不仅只有阿里巴巴推出了金融云服务，腾讯等企业也都推出了自己的金融云服务。

### （四）教育云

教育云实质上是指教育信息化的发展。教育云可以将所需的教育硬件资源虚拟化，然后将其上传到互联网中，为教育机构、学生和老师提供一个方便快捷的教育平台。例如，现在流行的慕课 MOOC（慕课）就是教育云的一种应用。慕课是指大规模开放的在线课程。在国内，中国大学就是非常好的教育云平台。

## 六、云物流

在云计算技术快速发展的背景下，云计算技术与不同行业结合的应用层出不穷。

物流是生产制造、电子商务、城市配送的重要保障，若要实现物流信息化，就必须建立专门的物流信息化管理平台，对烦琐、耗时的货物装卸、搬运等过程实现管理的简单化、透明化、智能化、高效化，提高物流的速度和效率。

云物流是基于云计算技术应用模式的物流服务平台，其主要作用是满足政府、企业和用户等对物流信息的需求，处理从生产制造、运输、装卸搬运、包装、仓储、流通加工、配送等各个环节中产生的各种各样的信息，然后把这些信息快速准确地传递到物流供应链上所有相关成员手中。

在云物流平台上，所有物流企业、代理服务商、行业媒体、法律机构、设备制造商等都被集中整合成云资源池，在这里，每种资源可以相互展示和互动，按照自身需求进行沟通交流，达成合作意向，从而降低成本并提高效率。

---

**素养提升**

**滴滴如此成功，云计算是大功臣**

共享经济正在全球遍地开花，中国最具代表的共享经济公司是滴滴，在与快的合并之后它已是最大的用车服务公司。滴滴的技术如何成功支撑起业务的急速发展？答案是云计算技术。

云计算技术提供强大、灵活的计算能力，滴滴的业务场景对计算准确性和实时性要求都非常高，用户输入一个目的地，最佳合理调度都需要毫秒级的速度来计算。滴滴通过云计算技术搭建了大规模实时分单处理平台，可以实现多维度最佳订单匹配。

如果没有云计算技术的支持，滴滴的业务几乎无法正常运转。如果滴滴自己采购服务器资源，一则在部署、运维这些工作方面的精力不够且缺乏经验，不具备可行性；二则会造成巨大的浪费，在深夜和上班时间，滴滴业务量存在低谷，采用云计算技术，本质上是在与所有腾讯云上的业务共享计算资源。滴滴为了把业务迁移至腾讯云，进行了大量改造工作，还对业务进行了新的架构设计，分层分级，总结了很多开展滴滴相关业务的技术经验。

滴滴在业务形成规模之后，对大数据的价值越来越重视。滴滴已在以下几个方面尝试应用大数据技术。

（1）供需匹配。每一次乘客发起乘车要求之后，要确定将订单发给附近哪些司机、多个司机抢单之后如何快速筛选最适合的司机。匹配算法基于海量数据分析不断完善结果，匹配算法是否精准决定了用户体验以及整体效率。

（2）精准营销。滴滴的快速成长与结合微信的红包营销密不可分。滴滴红包已是一套非常复杂的营销体系。给哪些人赠送代金券，赠送多少代金券，是赠送专车券、快车券还是顺风车券，这些都是由基于海量数据分析的算法决定。

（3）供需预测。基于不同城市海量的历史订单记录、用户位置数据、车辆位置数据，滴滴正在越来越全面地掌握城市的交通数据。基于这些数据，滴滴可以从中发现城市交通规律，预测用车需求特征、城市的运力，进而给司机、出行市民、交通规划部门提供建议。

（4）用户画像。滴滴计划将所掌握的乘客数据与腾讯个人征信系统打通，这样乘客爽单等不良行为记录将影响个人征信，反过来，如果乘客没有类似行为则可以获得更高的征信评分，与腾讯互联网金融、电商诸多业务联动，用户以后可以凭借QQ信用直接乘车。

（5）自动计费。未来，滴滴可以基于智能路线导航，来根据出发地和目的地，以及路程等待时长、交通状况、天气等因素来实现自动计费。这样，乘客乘车完毕便可直接下车，滴滴从后台扣费即可，避免司机和乘客互相确认支付的时间浪费以及司机绕路之类的不良行为。

以上实现大数据技术应用的前提是都需要强大的数据分析能力，而这必须通过计算集群实现。滴滴能够轻易吃到"大数据"这块蛋糕，正是因为它使用了云计算技术。云计算平台可以提供分布式计算能力、海量数据处理能力、海量数据存储能力，甚至一些基础的大数据挖掘能力。

滴滴本质上是一个基于共享经济的出行服务商，它需要健壮、稳定、灵活和安全的系统来满足复杂、实时和安全的出行需求。同时，它还是一个大数据公司，它收集了越来越多的出行数据，并基于这些数据优化用户的出行体验，提高司机的接单效率以及城市的交通效率，这具有巨大的价值，也是滴滴商业模式的基石。因此，不论是从滴滴的基础业务满足情况看，还是从基于大数据的想象空间来看，云计算技术都是助力滴滴成功的一大功臣。

（资料来源：百度文库精选系列专家号罗超频道）

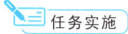 **任务实施**

**任务要求**：学生结合案例，通过互联网查找相关资料，回答以下问题。

（1）云计算技术和大数据技术的关系是什么？

（2）云计算技术给滴滴带来了哪些好处？

（3）企业应如何使用云计算技术？

**实施步骤如下。**

（1）将学生分组，2~3人一组。

（2）学生阅读案例，并通过互联网查找相关资料。

（3）分小组进行讨论，并回答上述问题。

（4）小组展示成果。

 **任务评价**

完成任务评价（表5-7）。

表5-7　任务评价

任务评价得分：

| 序号 | 评价项目 | 分数 | 自我评分 | 教师评分 |
|---|---|---|---|---|
| 1 | 能够说明云计算技术和大数据技术的关系 | 20 | | |
| 2 | 能够说明云计算技术给滴滴带来的好处 | 20 | | |
| 3 | 能够说明企业应如何使用云计算技术 | 30 | | |
| 4 | 任务实施过程中的表现 | 20 | | |
| 5 | 展示成果时的表现 | 10 | | |

注：任务评价得分=自我评分×40%+教师评分×60%。

# 任务四　物联网技术

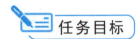 任务背景

　　近年来，物联网技术不断升级，产业链逐渐完善和成熟，加上受基础设施建设、基础性产业转型和消费升级等因素的驱动，处于不同发展水平的领域和行业不断交替式推进物联网技术的发展，由此带动了全球物联网产业整体的爆发式发展。

　　全球移动通信系统协会（GSMA）的统计数据显示，2010—2020年，全球物联网设备数量高速增长，复合增长率达19%；2020年，全球物联网设备连接数量高达126亿。"万物物联"成为全球网络未来发展的重要方向，据GSMA预测，2025年，全球物联网设备（包括蜂窝及非蜂窝）联网数量将达到约246亿。万物互连成为全球网络未来发展的重要方向图（5-23）。

图 5-23　万物互连

　　2018年，智慧城市曾在物联网应用领域中排名第一。2019年，工业/制造业取代智慧城市，坐稳了物联网应用领域的头把交椅。物联网研究机构 IoT Analytics 对 1 414 个实际应用的物联网项目进行了研究，其最新报告显示，2020年，在全球份额中占比最高且排在首位的是制造业/工业物联网项目（22%），然后是运输/移动性物联网项目（15%）和能源物联网项目（14%）。

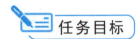 任务目标

**知识目标**

（1）了解物联网的发展历程。

（2）掌握物联网的定义和体系结构。

（3）掌握物联网的主要特点。

（4）了解物联网的核心技术、体系标准与应用。

**能力目标**

能够完成物联网、烟雾报警系统实训。

**素质目标**

培养团队合作意识。

微课：物联网技术

## 一、物联网的发展历程

物联网的概念最早出现在比尔·盖茨 1995 年所著的《未来之路》一书中。他在书提到了物联网的概念，但当时受限于无线网络及传感设备的发展，并未引起人们的重视。

1998 年，美国麻省理工学院创造性地提出了当时被称作 EPC 系统的"物联网"的构想。

1999 年，美国麻省理工学院自动识别中心（Auto-ID Labs）首先提出"物联网"的概念，其主要是建立在物品编码、射频识别技术和互联网的基础上。过去在中国，物联网被称为传感网。中国科学院早在 1999 年就启动了传感网的研究，并取得了一些科研成果，建立了一些适用的传感网。同年，相关专家在美国召开的移动计算和网络国际会议上提出了"传感网是下一个世纪人类面临的又一个发展机遇"的想法。

2005 年 11 月 17 日，在突尼斯举行的信息社会世界峰会上，国际电信联盟发布了《ITU 互联网报告 2005：物联网》，正式提出了"物联网"的概念。该报告指出，"物联网"通信时代即将到来，世界上的所有物体——从轮胎到牙刷、从房屋到纸巾——都可以通过互联网主动进行信息交换。射频识别技术、传感器技术、纳米技术、智能嵌入技术将得到更加广泛的应用。

2010 年，国务院发布了《关于加快培育和发展战略性新兴产业的决定》，物联网产业被列入新一代信息技术产业，成为国家首批加快培育和发展的战略性新兴产业之一。

2016 年，国务院发布了《关于印发"十三五"国家信息化规划的通知》，提出要推进物联网感知设施规划布局，发展物联网开环应用，实施物联网重大应用示范工程，推进物联网应用区域试点，建立城市级物联网接入管理与数据汇聚平台，深化物联网在城市基础设施、生产经营等环节中的应用。

2021 年，我国在"十四五"规划中提出加快推动数字产业化，构建基于 5G 的应用场景和产业生态，在智能交通、智能物流、智慧能源、智慧医疗等重点领域开展试点示范。其中将物联网列为数字经济重点产业，提出推动传感器、网络切片、高精度定位等技术创新，协同发展云服务与边缘计算服务，培育车联网、医疗物联网、家居物联网产业。

## 二、物联网的定义

物联网是指通过各种信息传感器、射频识别技术、GPS、红外感应器、激光扫描器等各种装置与技术，实时采集任何需要监控、连接、互动的物体或过程，采集其声、光、热、电、力学、化学、生物、位置等各种需要的信息，通过各类可能的网络接入，实现物与物、物与人的泛在连接，实现对物品和过程的智能化感知、识别和管理。物联网是以互联网、传统电信网络等为基础的信息载体，它让所有能够被独立寻址的普通物理对象形成互连互通的网络。

物联网即"万物相连的互联网"，是在互联网的基础上延伸和扩展出来的一种网络。它将各种信息传感设备与网络连接起来形成一个巨大网络，实现人、机、物在任何时间、任何地点的互连互通。

## 三、物联网的体系结构

物联网的体系结构包括感知层、网络层、处理层和应用层，如图 5-24 所示。

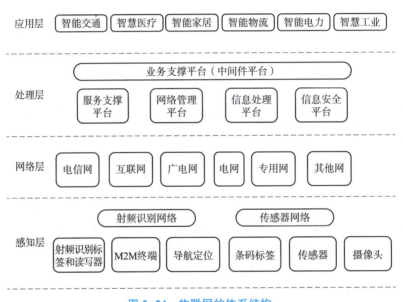

**图 5-24　物联网的体系结构**

### （一）感知层

感知层主要用于采集物理世界中发生的物理事件和数据，包括各种物理量、标识、音频、视频数据等。物联网的数据采集技术包括传感器技术、射频识别技术、多媒体技术、条码技术和实时定位技术等。传感器网络组网和协同信息处理技术，实现了传感器技术、射频识别技术等数据采集技术所获取数据的短距离传输、自组织组网和多个传感器数据的协同处理。

### （二）网络层

网络层的作用是实现更广泛的互连功能，以及无障碍、高可靠性、高安全性地传送信息，需要传感器技术与移动通信技术和互联网技术融合。经过十多年的快速发展，移动通信技术和互联网技术都已比较成熟，基本能够满足物联网数据传输的需要。

### （三）处理层

处理层用于支撑跨行业、跨应用、跨系统的信息协同、共享、互通。

### （四）应用层

应用层包括智能交通、智慧医疗、智能家居、智能物流、智能电力、智能工业等行业应用。

## 四、物联网的特点和功能

从通信对象和过程来看，物与物、人与物之间的信息交互便是物联网的核心。

物联网的基本特征可概括为整体感知、可靠传输和智能处理。

（1）整体感知：可利用射频识别技术、条码技术、传感器技术等感知设备感知物体的各类信息。

（2）可靠传输：通过互联网和无线网络的融合，将物体的信息实时、准确地传输，以便于进行信息交流、分享。

（3）智能处理：使用各种智能技术，对感知的数据、信息进行分析和处理，实现监测与控制的智能化。

根据物联网的以上特征，结合信息科学的观点，围绕信息的流动过程，可以归纳出物联网的功能。

（1）获取信息。主要是感知信息和识别信息，感知信息是指感知事物属性状态及其变化方式；识别信息是指用一定方式表达所感受到的事物状态。

（2）传送信息。主要是指发送、传输、接收信息等环节，最后把获取到的事物状态信息及其变化的方式从时间或空间上的一点传送到另一点。

（3）处理信息。主要是指信息的加工过程，即利用已有的信息或感知的信息去产生新的信息，实际上这是制订决策的过程。

（4）施效信息。主要是指信息最终发挥效用的过程，它有很多种表现形式，比较重要的是通过调节事物的状态及其变化方式，始终使事物处于预先设计的状态。

## 五、物联网的核心技术

### （一）射频识别技术

射频识别系统是一种简单的无线系统，由阅读器和电子标签等组成。电子标签由耦合元件及芯片组成，每个电子标签都具有扩展词条唯一的电子编码，附着在物体上以标识目标对象，它通过天线将射频信息传递给阅读器。射频识别技术让物体能够开口说话，这就赋予了物联网可跟踪的特性。人们可以随时知道物体的准确位置及其周边环境。据估计，射频识别技术的这一特性，可使沃尔玛每年节省 83.5 亿美元，这主要是因为不需要人工查看进货的条码而节省了劳动力成本。射频识别技术帮助零售业解决了商品断货和损耗（盗窃和供应链被搅乱所产生的损失）两大难题，以往单是盗窃一项，沃尔玛一年的损失就将近 20 亿美元。

### （二）传感网技术

微机电系统（MEMS）是由微传感器、微执行器、信号处理装置、控制电路、通信接口和电源等部件组成的一体化微型器件系统。其目标是将信息的获取、处理和执行集成在一起，组成多功能的微型系统，集成于大尺寸系统中，从而大幅提高系统的自动化、智能化水平。MEMS 赋予了普通物体新的生命，使它们拥有了属于自己的数据传输通路、存储功能、操作系统和专门的应用程序，从而形成了一个庞大的传感网，让物联网能够通过物体实现对人的监控与保护。

例如，如果在汽车和车钥匙上都植入微传感器，那么当喝了酒的司机掏出车钥匙时，车钥匙能透过气味感应器察觉到酒气，从而通过无线信号立即通知汽车"暂停发动"，汽车便会处于休息状态。同时，还能"命令"司机的手机给他的亲友发短信，告知司机所在位置，提醒亲友尽快来帮忙。不仅如此，在未来，衣服可以"告诉"洗衣机应该放多少水和洗衣粉；文件夹会"检查"人们忘带了什么重要文件；食品蔬菜的标签会向客户的手机介绍"自己"是否真正"绿色安全"。

### （三）M2M 技术

M2M 是一种以机器终端智能交互为核心的网络应用与服务，实现对对象的智能控制。M2M 技术包括 5 个重要的组成部分：机器、M2M 硬件、通信网络、中间件、应用程序。基于云计算平台和智能网络，可以根据传感网获取到的数据进行分析决策，通过改变对象的行为进行控制和反馈。比如智能停车场，当车辆驶入或离开天线通信区时，天线以微波通信的方式与车上的电子识别卡（车卡和司机卡）进行双向数据交换，从车卡上读取车辆的相关信息，从司机卡上读取司机的相关信息，从而判断车卡是否有效以及司机卡是否合法。另外，老人戴上嵌入智能传感器的手表，在外地的子女可以随时通过手机查询父母的血压、心率等；带有智能家具的住宅在主人上班时会自动关闭水电气、门窗和窗帘，还会定时向主人的手机发送消息，汇报家里的安全情况。

### （四）云计算技术

云计算是指通过网络把多个成本相对较低的计算实体整合成一个具有强大计算能力的系统，并借助先进的商业模式让终端用户可以得到这些强大计算能力的服务。这意味着计算能力也可以作为一种商品进行流通，就像煤气、水、电一样，取用方便、价格低廉，用户不用自己配备。因此，云计算的核心理念就是通过不断提高"云"的处理能力，不断减轻用户终端的处理负担，最终使用户终端简化成一个单纯的输入/输出设备，并能按照需要享受"云"的强大计算处理能力。物联网感知层获取大量数据信息，在经过网络层传输以后，将其放置在标准平台上，再利用高性能的云计算技术进行处理，最终将其转换成对终端用户有用的信息。

## 六、物联网的其他知识

### （一）物联网的体系标准

#### 1. LTE-M（eMTC）

LTE-M 即 LTE-Machine-to-Machine，是基于 LTE 演进的物联网技术。LTE-M 在 3GPP 标准 R12 中叫作低功耗 MTC（Low-Cost MTC），其中 MTC 是 Machine Type Communications 的首字母缩写。在 R13 中 LTE-M 被称为 enhanced MTC，也就是目前媒体所宣传的 eMTC。LTE-M 旨在基于现有的 LTE 载波满足物联网设备需求。LTE-M 在 3GPP 标准 R12 中被定义了更低成本、更低功耗的 Cat-0，其上、下行速率为 1 Mbit/s。R13 标准中制订了 Cat-M1 设备标准，其最大工作带宽只有 1.4 MHz，Cat M 能提供的数据传输速率可达 400～700 Kbit/s。

#### 2. GPRS

GPRS 是在 GSM 网络的基础上发展起来的数据通信技术，其作用是满足 2G 网络中数据传输的业务需求，现在广泛应用于物联网项目中。不过，由于 GPRS 具有功耗较高、系统容量有限等缺点，所以业界一直寻求 GPRS 的低功耗、低成本的替代方案，也就是LPWAN。

#### 3. LoRa（Long Range）

LoRa 定义了使用 LoRa 技术的端到端标准规范，包括物联网市场安全、能源效率、漫游和配置入网等。LoRaWAN 起初叫 LoRaMAC，由 Semtech、Actility、IBM Research 共同制订，在 2015 年巴塞罗那移动世界通信大会上被改名为 LoRaWAN，成为 LoRa 联盟成员的规范。LoRaWAN 和 LoRa 的区别在于，LoRa 是一种技术，而 LoRaWAN 是一套标准规范，就好比 NB-IoT 与 3GPP TR 的关系一样。

#### 4. EC-GSM

EC-GSM 是专门负责 GSM/EDGE 标准的 TSG GERAN。3GPP GERAN 提出，要将窄带（200 kHz）物联网技术迁移到 GSM 上，寻求比传统 GPRS 高 20dB 的更广泛的覆盖范围，并提出了四大目标：提升室内覆盖性能、支持大规模设备连接、减小设备复杂性、减小功耗和时延。这些目标也可以视为 LPWAN 技术的共同追求。

#### 5. CIoT

不同于 MTC，蜂窝物联网（Cellular Internet of Thing，CIoT）项目建议针对物联网特性进行全新设计，不一定兼容既有的 LTE 技术框架。

#### 6. SIGFOX

SIGFOX 是一家成立于 2009 年的法国公司，其创建了连接低功耗设备的无线网络，主要用于低功耗物联网，如电表等。这类应用需要连续地发送少量数据。SIGFOX 提供了一个蜂窝式的网络运营商，其为低数据量的物联网和 M2M 应用提供定制的解决方案。

### （二）物联网的应用

如图 5-25 所示，物联网的应用领域包括方方面面，如智能工业、智慧农业、智能物流、智能安防等，有效推动了这些领域的智能化发展，使有限的资源得到更加合理的分配，从而提高了效率，增加了效益。

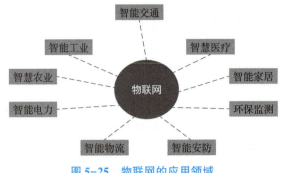

图 5-25　物联网的应用领域

### 1. 智能交通

物联网在道路交通方面的应用比较成熟。随着社会车辆的急剧增加，交通拥堵甚至瘫痪已成为城市的一大难题。实时监控道路情况，为驾驶员及时提供交通信息，使其能及时做出调整，可以有效缓解交通压力；在高速出入口建设道路自动收费系统，省去出入口取卡、收卡的时间，加快车辆的通行速度；在公交车上安装实时定位系统，能及时了解公交车行驶路线及预计到站时间，乘客可以根据这信息确定何时出行，免去不必要的时间浪费。社会车辆的增多，不仅给交通带来压力，也使"停车难"成为突出的问题。很多城市推出了基于云计算平台的智慧路边停车管理系统，结合物联网技术与移动支付技术，共享车位资源，可以提高车位利用率，给用户带来找车位的便利。该系统可以兼容手机模式，通过手机 App 可以及时了解空余车位位置信息，可以预定并实现交费等操作，在很大程度上解决了"停车难"问题。

### 2. 智能家居

智能家居（图 5-26）是物联网在家庭中的基本应用，随着宽带业务的普及，出现了各式各样的智能家居产品。家里没有人的时候，可以使用手机等产品客户端远程控制智能空调，调节室内温度，智能空调甚至可以自动学习用户的习惯，从而实现全自动的温控操作，使用户在炎炎夏日回家一进门就享受到阵阵清凉；使用客户端可以控制智能灯泡的开关、调控智能灯泡的亮度和颜色等；插座内置 Wi-Fi，可实现远程遥控插座定时通断电流，甚至可以监测设备用电情况，生成用电图表，让用户对用电情况一目了然；使用智能体重秤可以监测运动效果，而且其内置的可以监测血压、脂肪量的传感器，可以根据用户的身体状态提出科学合理的建议；将智能牙刷与客户端相连，可以提供刷牙时间、刷牙位置等信息，还可以根据刷牙的数据生成图表；智能摄像头、窗户传感器、智能门铃、烟雾探测器、智能报警器等都是智能家居中必不可少的安全监控设备，即使用户出门在外，也可以在任意时间、任意地点查看家中的实时状况。

### 3. 公共安全

近年来，全球气候异常现象频频出现，灾害的突发性和危害性进一步增加，通过物联网可以实时监测环境的不安全性，做到实时预防、实时预警，让人们能及时采取应对措施，减

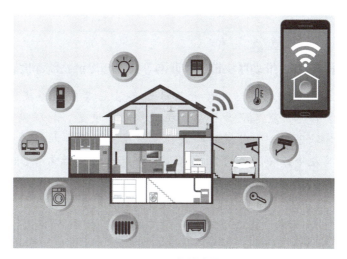

图 5-26  智能家居

小灾害对人类生命财产的威胁。美国布法罗大学的研究人员早在 2013 年就提出研究深海物联网项目，把通过特殊处理后的感应装置放置于深海，分析水下情况，对海洋污染的防治、海底资源的探测，甚至海啸的预警也有一定帮助。

利用物联网可以智能感知大气、土壤、森林、水资源等方面的各项指标和数据，在改善人类的生活环境方面起到了重要作用。

### 4. 智能物流

微课：物联网技术在物流中的应用

物流行业是物联网较早落地的行业之一，很多先进的现代物流系统已经具备了信息化、数字化、网络化、集成化、智能化、柔性化、敏捷化、可视化、自动化等先进技术特征。概括起来讲，物流业中目前相对成熟的物联网应用主要包括以下 4 个方面。

（1）产品的智能可追溯网络系统：如食品的可追溯系统、药品的可追溯系统等。这些智能的产品可追溯系统为保障食品安全、药品安全提供了坚实的保障。

（2）物流过程的可视化智能管理网络系统：它基于卫星导航定位技术、射频识别技术和传感器技术等多种技术，在物流过程中可实现车辆实时定位、运输物品监控，在线调度与配送可视化等。

（3）智能化的企业物流配送中心：基于传感器技术、射频识别技术、移动互联网技术等各项先进技术，建立全自动化的物流配送中心，建立物流作业智能控制、自动化操作的网络，实现物流与制造联动，实现商流、物流、信息流、资金流的全面协同。

（4）企业的智慧供应链：在竞争日益激烈的今天，面对各种各样的个性化需求和订单，怎样才能使供应链更加智慧？怎样才能准确预测客户的需求？这是企业经常遇到的现实问题。这就需要智能物流和智慧供应链的后勤保障网络系统的支持。此外，基于智能配货的物流网络化公共信息平台建设，以及物流作业中智能手持终端产品的网络化应用等，都是目前很多物流企业正在推动的物联网模式。

## 知识链接

### 交通运输部：推动区块链、物联网等技术与冷链物流深度融合

近日，交通运输部印发了《关于开展冷藏集装箱港航服务提升行动的通知》，部署开展冷藏集装箱港航服务提升行动，积极推动区块链、物联网等新一代信息技术与冷链物流深度融合，进一步提高冷藏箱港航服务品质，推进冷链物流运输高质量发展，更好地满足冷链物流运输需求和人民群众美好生活需要，服务构建新发展格局。

该通知指出，到2023年年底，基于区块链和物联网的冷藏集装箱港航服务能力明显提升，主要海运企业新增物联网冷藏集装箱18万标准箱（TEU）以上；沿海主要港口新增冷藏集装箱插头6 000个以上；基于区块链和物联网技术应用的冷藏集装箱港航单证平均办理时间大幅缩减；建立冷藏集装箱运输电子运单，初步实现道路水路运输系统信息有效衔接和共享开放，联运服务质量明显提升。

该通知共部署了五项主要任务。

一是推进基于物联网的冷藏集装箱发展：以主要冷藏集装箱航运企业为重点，推广集成传感、无线通信、自动定位等技术的物联网设备安装应用，实现对冷藏集装箱温湿度、冷机工作模式和通电状态等信息的自动化采集与传输，逐步实现冷藏集装箱及货物等要素全程信息化、可视化。

二是推动基于区块链的冷藏集装箱电子放货：以国际枢纽海港、主要冷藏集装箱航运企业为重点，推广应用港航区块链电子放货平台，国际枢纽海港实现冷藏集装箱货物港航单证平均办理时间由2天缩短至4小时以内，全程无接触办理，实现物流信息一站式查询。鼓励有条件的其他港口与国际集装箱班轮公司区块链电子放货平台对接，推动港航作业单证电子化，逐步实现港口电子放货。

三是提升冷藏集装箱道路水路联运服务质量：鼓励推动冷藏集装箱航运企业、道路运输企业、港口企业、货代企业等依托区块链电子放货平台，逐步开展物流信息上链业务，开发应用电子运单，推动实现冷藏集装箱道路水路运输全过程温湿度、位置等信息实时监控，拓展完善物流服务功能，提升全程运输服务质量。

四是提升港口冷藏集装箱堆存处置能力：以国际枢纽海港为重点，推动港站枢纽强化冷链组织功能，增加冷藏集装箱堆场及插座等冷藏集装箱配套设施设备，提升港口堆场冷藏集装箱堆存及供电插座能力，推进配套供电基础设施建设。

五是研究制订冷藏集装箱运输相关指南方面。研究建立以装备设施、作业流程、信息追溯等为重点的冷藏集装箱运输和物流标准规范，研究制订冷藏集装箱运输温控及信息服务要求、冷藏集装箱智能终端技术指南。

该通知强调，省级交通运输主管部门要高度重视，明确任务分工，落实责任部门，加强与海关、商务等部门合作，指导督促港航企业落实目标任务。

（资料来源：人民网）

**任务实施**

制作带短信通知的物联网烟雾报警系统实训

**任务原理：**当烟雾传感器检测到烟雾，且烟雾浓度达到指定报警值时，手机上会显示烟雾浓度，抽风系统会自动打开，并且向用户手机发送报警短信提醒。

**任务要求如下。**

（1）事先准备好以下材料：物联网智能开关 1 个、烟雾传感器 1 个、12 V 小风扇 1 个、12 V 蓄电池 1 个、半透明盒子 1 个。

（2）根据实施步骤完成材料组装和平台设置。

（3）对任务实施过程做好记录。

**实施步骤如下。**

（1）对学生分组，2~3 人一组，每组领取事先准备好的材料，并且查找相关资料，了解对应材料的详细情况。

（2）把 12 V 蓄电池接在物联网智能开关的输入端，输出端接 12 V 小风扇。把烟雾传感器接到物联网智能开关的传感器输入口处。

（3）在半透明的纸箱顶部开一个孔，用来安装烟雾传感器。在纸箱的侧面开一个大点的孔用来安装 12 V 小风扇。

（4）为物联网智能开关配置上网。设备通电后会在 30 秒内生成一个以 "ESP_" 开头的设备配置热点，用手机与其连接。连接成功后用手机打开浏览器，在浏览器地址栏中输入 "192.168.4.1" 进入设备的配置页面。输入当前环境的 Wi-Fi 名称和密码，然后复制设备的编码并保存。

（5）设备成功地连接到网络后，用手机打开浏览器，输入 "o8y. net" 进入物联网管理平台。单击左下角的 "添加设备" 按钮，给设备起一个名称，输入设备编码，单击 "提交" 按钮保存，完成设备的添加工作。

（6）待设备添加完成后，就可以在手机中看到目前纸箱里的烟雾情况，以及 12 V 小风扇的运转情况。

（7）单击左下角的 "任务管理" 按钮，添加一个短信通知任务。设置当纸箱里的烟雾浓度达到 115ppm 时主动发送通知短信到手机。

（8）系统制作完成后，进行相关试验，看是否能成功运行。

（9）各小组汇报实施过程。

**任务评价**

完成任务评价（表 5-8）。

表 5-8　任务评价

任务评价得分：

| 序号 | 评价项目 | 分数 | 自我评分 | 教师评分 |
|---|---|---|---|---|
| 1 | 能够正确按照实施步骤完成系统制作 | 30 | | |
| 2 | 系统最终能够正常运行 | 20 | | |
| 3 | 小组实训过程的记录完好 | 20 | | |
| 4 | 实训过程中的表现 | 20 | | |
| 5 | 展示成果时的表现 | 10 | | |

注：任务评价得分=自我评分×40%+教师评分×60%。

## 巩固提高

### 一、单选题

1. "互联网+（　　）"是"互联网+"行动计划首先要加速推动的领域。

A. 制造　　　　　　B. 服务　　　　　　C. 农业　　　　　　D. 运输

2. "互联网+"的本质是传统产业的（　　）。

A. 在线化　　　　　B. 信息化　　　　　C. 现代化　　　　　D. 工业化

3. 在（　　）时代，传统企业的互联网化，主要表现为消费品企业的互联网化。

A. "互联网+企业"　　　　　　　　B. "互联网+产业"时代

C. "互联网+智慧"时代　　　　　　D. "互联网+金融"时代

4. 从 2014 年至今开始属于（　　）。

A. 信息时代　　　　　　　　　　　B. 纯互联网时代

C. 传统企业互联网时代　　　　　　D. "互联网+"时代

5. 大数据的特点有：数据量大、类型繁多、（　　）、价值密度低。

A. 时效性弱　　　　　　　　　　　B. 时效性强

6. （　　）是一种规模大到在获取、存储、管理、分析方面大大超出了传统数据库软件工具能力范围的数据集合。

A. 大数据　　　　　B. 云计算　　　　　C. 数据库

7. （　　）这个概念在 2006 年 8 月的搜索引擎会议上被首次提出，成为互联网第三次革命的标志。

A. 云计算　　　　　　　　　　　　B. 云存储

C. 云安全　　　　　　　　　　　　D. 大数据

8. （　　）是指在云计算、移动互联网、多媒体、4G 通信、大数据以及物联网等新技术的基础上，结合医疗技术，创建医疗健康服务云平台，实现医疗资源的共享和医疗范围扩大的目的。

A. 云医院　　　　　　　　　　　　B. 共享医院

C. 医疗云　　　　　　　　　　　　D. 网上医生

9. 首次提出物联网概念的著作是 （      ）。

A. 《未来之路》　　　　　　　　　　B. 《信息高速公路》

C. 《扁平世界》　　　　　　　　　　D. 《天生偏执狂》

10. （      ）被称为下一个万亿级的信息产业。

A. 射频识别产业　　B. 智能芯片产业　　C. 软件服务产业　　D. 物联网产业

11. 物联网的核心和基础仍然是 （      ）。

A. 射频识别技术　　B. 计算机技术　　C. 人工智能技术　　D. 互联网技术

12. 物联网把人类生活 （      ），使万物成了人的同类。

A. 拟人化　　　　　B. 拟物化　　　　　C. 虚拟化　　　　　D. 实体化

## 二、多选题

1. "互联网+"是互联网思维的进一步实践成果，推动经济形态不断地演变，从激发带动社会经济实体的生命力，为 （      ）提供广阔的网络平台。

A. 改革　　　　　　B. 创新　　　　　　C. 融合　　　　　　D. 发展

2. 下列对"互联网+"的理解中正确的有 （      ）。

A. "互联网+"是我们的生存环境、我们的生活、我们的生命不可分割的组成部分

B. 每个人都有权对"互联网+"做出定义、进行解读

C. "互联网+"的特质可以用"跨界融合，连接一切"来概括

D. 切忌孤立看待、解读"互联网+"

3. 大数据的关键技术有哪些？（      ）

A. 数据采集　　　　　　　　　　　　B. 数据存储和管理

C. 数据处理与分析　　　　　　　　　D. 数据隐私和安全

4. 常用的数据分析方法有哪些？（      ）

A. 描述型分析　　B. 诊断型分析　　C. 预测型分析　　D. 指令型分析

5. 云计算技术除了本身的数据计算处理外，还涵盖了 （      ）。

A. 云存储　　　　　B. 云安全　　　　　C. 大数据　　　　　D. 物联网

6. 云物流的出现，让物流行业中各成员能够 （      ）。

A. 资源共享　　　　B. 降低成本　　　　C. 提高效率　　　　D. 实现信息透明

7. 下列属于物联网基本特征的有 （      ）。

A. 互联化　　　　　B. 网络化　　　　　C. 感知化　　　　　D. 智能化

8. 目前物联网有了一定的技术储备，在 （      ）等方面产生了一些成功的应用案例。

A. 智能家居　　　　B. 物流　　　　　　C. 零售　　　　　　D. 工业自动化

## 三、判断题

1. 云计算是继互联网、计算机后在信息时代又一种新的革新。　　　　　　　（      ）

2. 云计算是一种全新的网络技术。　　　　　　　　　　　　　　　　　　（      ）

3. 物联网的体系框架主要包括感知层、网络层、应用层。　　　　　　　　（      ）

4. 智能家居就是物联网在家庭中的基础应用。　　　　　　　　　　　　　（      ）

5. 物联网是在互联网基础上的延伸和拓展。　　　　　　　　　　　　　　（      ）

6. 物联网中的"物"能包括一切事物。　　　　　　　　　　　　　　　　（      ）

7. 物联网的主要价值在于"物"，而不在于"网"。　　　　　　　　　　　（      ）

**四、简答题**

1. 简述"互联网+"的概念。

2. 简述"互联网+"在物流中的应用。

3. 简述"互联网+"对物流的促进作用。

4. 简述大数据技术的概念。

5. 简述大数据技术在物流中的应用。

6. 简述常用的数据分析方法。

7. 简述云计算的概念。

8. 简述云计算的应用场景。

9. 简述云物流的概念及其优势。

10. 简述物联网的定义。

11. 简述物联网有哪些核心技术。

12. 简述物联网的应用领域有哪些,具体说明其在物流中的运用。

# 项目六

# 物流智能化技术

## ▣ 项目简介

根据国家邮政局统计数据，2022 年，全国快递服务企业业务量累计完成 1 105.8 亿件，比上年增长 2.1%，高速增长的快递业务量正对整个快递行业的设施、设备、技术、人员、服务、管理等提出全面挑战。从物流作业流程来看，如何实现安全、准确、快速、高效的交付目标，无疑是对物流技术的巨大考验，而智能化成为物流行业发展的趋势和方向。

## ▣ 职业素养

通过学习本项目，学生可以掌握相关物流智能化技术，了解我国物流智能化技术的发展状况，增强民族自豪感和使命感，培养不懈奋斗的进取精神，积极践行社会主义核心价值观。

## ▣ 知识结构导图

# 任务一　无人超市

## 任务背景

2017 年 7 月，天猫无人超市（淘咖啡）在杭州落地，并于当年 12 月 3 日亮相乌镇——第四届世界互联网大会，占地面积为 150 平方米。作为阿里新零售成员之一，天猫无人超市主打"即拿即走，无须掏出手机"的支付体验。

天猫无人超市首先通过图像识别技术，对消费者进行快速面部特征识别、身份审核，完成"刷脸进店"；其次，通过物品识别和追踪技术，结合消费者行为识别，判断消费者的结算意图；最后，通过智能闸门，完成"无感支付"。天猫无人超市用技术来优化消费者的购物体验，在当时引发全民热议。

无人零售是未来消费发展的必然趋势，自 2021 年以来，商务部办公厅、国务院、科技部等都相继给出了鼓励发展智能社区商店、无人值守便利店、自助售卖机的举措，提出消费领域需要积极探索无人货柜零售、无人超市等新兴场景。根据艾玛咨询数据的最新预测，2025 年，我国无人零售规模将达 2 万亿元，覆盖 2.5 亿人的消费群体。

## 任务目标

**知识目标**

（1）了解无人超市主要技术。

（2）掌握无人超市的硬件组配。

**能力目标**

（1）能够对无人超市商品进行管理。

（2）能够掌握无人超市硬件设备的功能与作用。

**素质目标**

（1）培养创新创业精神和严谨细致的工匠精神。

（2）树立科学技术应用发展观，提升专业认同感。

## 知识准备

微课：无人超市
的主要技术

### 一、无人超市的主要技术

#### （一）射频识别技术

射频识别技术是自动识别技术的一种，其通过无线射频方式进行非接触双向数据通信，利用无线射频方式对电子标签或射频卡进行读写，从而达到识别目标和数据交换的目的，在识别过程中无须人工干预，能够适应多种恶劣环境，能同时快速、有效识别多个不同物体，操作便捷，因此该技术广泛应用于无人超市。

射频识别技术在无人超市中的主要做法是将电子标签贴在商品上，商品在通过装有阅读器的区域时就能被感应识别。商品只要进入扫描区域，就可以瞬间同步完成所有的商品累计计算。目前普遍的做法是将射频识别芯片置入商品的外包装来感应商品，这是智能包装领域中相对比较成熟的一种应用，因此成为目前无人超市中识别商品最可靠的技术支撑。

射频识别技术是目前最适合应用在无人超市的商品包装上的技术，但它存在成本高的弊端，因此更适合高价值商品，而且无法识别玻璃等特殊材质的商品；同时，散装商品用电子标签并不方便，因此，无人超市一般会提前将散装商品进行打包，然后贴上电子标签进行销售，也可以使用手机扫描货架上的条码或者直接扫描商品包装上的条码完成商品的移动支付。

零售巨头沃尔玛也运用了类似技术以提升供应链的管理效率。在客户离店时，传感器会扫描电子标签，再次确认消费者购买的商品，同时自动在消费者的账户上结算金额。

### （二）条码技术

用户在选购商品时也可以使用无人收银机扫描条码，随后无人收银机计算总额，用户选择微信或者支付宝等方式付款。条码技术虽然能够缩减大量的排队时间，但与射频识别技术相比，不能同时读取多件商品的信息，因此时效性不如射频识别技术，也不能解决商品防盗的问题（图6-1）。

图6-1　手机扫描二维条码

### （三）人脸识别技术

人脸识别技术是基于人的脸部特征，对输入的人脸图像或者视频流，首先判断是否存在人脸，如果存在人脸，则进一步给出每张人脸的位置、大小和各个主要面部器官的位置信息，然后根据这些信息提取每张人脸所蕴含的身份特征，并将其与已知人脸信息进行对比，从而识别身份。人脸识别支付如图6-2所示。

图6-2　人脸识别支付

### （四）智能货架

智能货架是对传统货架进行改进，应用射频识别技术，并安装现场单片机。智能货架能迅速查询，灵活地进行分类统计；能通过数据库查询并显示所需物品的存放位置；能通过计算机智能控制开启与关闭；能完成入库管理、出库管理、物品存放位置查询、库存物品查询、物品档案检索、数据备份及恢复、报表汇总打印等操作，如图6-3所示。

图6-3　智能货架

## 二、硬件组配

无人超市需要的硬件包括网络设备、计算设备和射频识别设备。

### （一）网络设备

作为传送信息的载体，网络设备主要用于确保无人超市区域内数据的传输和存储，这需要对无人超市的空间进行网络布局，确保无人超市内网络畅通，如图6-4所示。

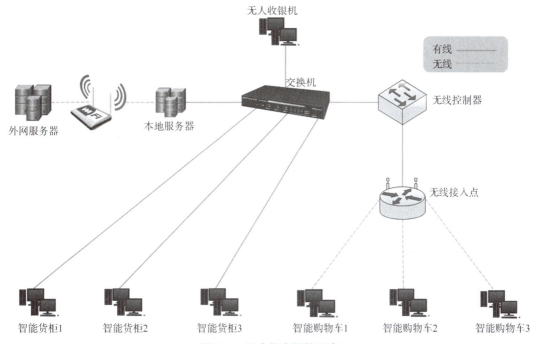

图6-4 无人超市网络示意

### 1. 路由器

所谓"路由",是指把数据从一个地方传送到另一个地方的行为和动作,而路由器(图6-5),正是执行这种行为和动作的设备。路由器是一种连接多个网络或网段的网络设备,它能"翻译"不同网络或网段之间的数据信息,以它们能够相互"读懂"对方,从而构成一个更大的网络。

路由器有两大典型功能,即数据通道功能和控制功能。数据通道功能包括转发决定、转发以及输出数据链路调度等,一般由硬件来实现;控制功能一般用软件来实现,包括与相邻路由器之间的信息交换、系统配置、系统管理等。

图6-5 路由器

图6-6 无线中继器

### 2. 无线中继器

无线中继器(图6-6)接力无线信号,增加无线信号的覆盖范围,与无线控制器等组网,使原本不具备无线网络功能的设备能正常接入无线网络,确保所有设备的网络在同一个无线局域网内。

### 3. 无线接入点

无线接入点(图6-7)是一个无线网络的接入点,俗称"热点"。其功能是把有线网络转换为无线网络。主要有路由交换接入一体设备和纯接入设备,路由交换接入一体设备执行接入和路由工作，纯接入设备只负责无线客户端的接入。纯接入设备通常与其他无线接入点或者主无线接入点连接，用于扩大无线网络的覆盖范围。路由交换接入一体设备一般是无线网络的核心。

### 4. 无线控制器

无线控制器（图6-8）是一种网络设备，用来集中控制无线接入点，负责管理无线网络中的所有无线接入点，使多个无线接入点在同一局域网内，进行全区域覆盖。它在跨越多个无线接入点后能无缝切换，用户无切换感知。其主要功能包括下发配置、修改相关配置参数、进行射频智能管理、接入安全控制等。

### 5. 交换机

广域的交换机就是一种在通信系统中完成信息交换功能的设备，它应用在数据链路层。交换机有多个端口，每个端口都具有桥接功能，可以连接一个局域网或一台高性能服务器/工作站。交换机与无线控制器、无线接入点组网，确保整个千兆网络在同一个无线局域网内。实际上，交换机有时被称为多端口网桥，如图6-9所示。

图 6-7　无线接入点

图 6-8　无线控制器

图 6-9　交换机

### （二）计算设备

#### 1. 服务器计算机

简单地说，服务器计算机就是在网络中为其他客户机提供服务的计算机。服务器计算机是在网络操作系统的控制下为网络环境中的客户机提供共享资源的高性能计算机，它的高性能主要体现在高速的 CPU 运算能力、长时间的可靠运行能力、强大的 I/O 外部数据吞吐能力等方面。服务器计算机主要为客户机提供 Web 应用、数据库服务、文件打印服务。

#### 2. 平板电脑

平板电脑也叫作便携式计算机，是一种小型、方便携带的个人计算机，它以触摸屏作为基本的输入设备。智能购物车车载平板电脑可接入无线网络，具有快速无线网络连接功能，能识别贴有射频识别电子标签的商品，用于智能购物车的购物结算，如图6-10所示。

### （三）射频识别设备

射频识别技术是自动识别技术的一种，通过无线射频方式进行非接触双向数据通信，对电子标签或射频卡进行读写，从而达到识别目标和数据交换的目的，其被视为21世纪最具

图 6-10　智能购物车车载平板电脑

发展潜力的信息技术之一。最基本的射频识别设备由三部分组成：阅读器、天线和电子标签。

## 1. 阅读器

阅读器通过天线与电子标签进行无线通信，可以实现对电子标签识别码和内存数据的读出或写入操作。

## 2. 天线

天线在电子标签和阅读器间传递射频信号，是电子标签与阅读器之间传输数据的发送、接收装置。在实际应用中，除了系统功率外，天线的形状和相对位置也会影响数据的发送和接收，需要专业人员对射频识别设备的天线进行设计和安装。

## 3. 电子标签

电子标签由耦合元件及芯片组成，每个电子标签都具有唯一的电子编码，附着在物体上以标识目标对象，且具有存储需要识别的信息的功能。

无人超市的主要设备及功能见表 6-1。

表 6-1　无人超市的主要设备及功能

| 设备 | 名称 | 功能 |
|---|---|---|
| 网络设备 | 路由器 | 连接多个网络或网段的网络设备，构成一个更大的网络 |
| | 无线接入点 | 扩大无线覆盖范围 |
| | 无线控制器 | 使多个无线接入点在同一局域网内，进行全区域覆盖，实现无缝切换 |
| | 交换机 | 确保整个千兆网络在同一个无线局域网内 |
| | 无线中继器 | 扩大无线信号的覆盖范围 |
| 计算设备 | 服务器计算机 | 在网络中为其他客户机提供服务 |
| | 平板电脑 | 智能购物车的购物结算 |

| 设备 | 名称 | 功能 |
|---|---|---|
| RFID 设备 | 阅读器 | 对电子标签识别码和内存数据进行读出或写入 |
| | 天线 | 在电子标签和阅读器间传递射频信号 |
| | 电子标签 | 存储需要识别的信息 |

## 三、商品管理

在无人超市的商品管理中，需要根据不同的商品属性选择合适的电子标签，然后写入具体商品信息，从而在无人超市内部系统中对商品进行查询和跟踪管理。

### 1. 在电子标签中写入商品信息

首先需要在无人超市管理系统中增加或选择商品种类，在电子标签写入商品信息。

### 2. 商品贴标

在商品包装上粘贴电子标签，使商品能够被识别，从而读取相关信息。

### 3. 库存管理

可以通过无人超市管理系统查询商品库存，对于达到库存预警的商品应及时补货；应及时清理于漏贴电子标签的商品，从而避免不必要的损失。

### 知识链接

#### 超市里还有这些"黑科技"

除了电子标签，我们还可以在超市中找到很多"黑科技"。其中应用最为普遍的就是物联网技术。

为了检测生鲜商品的质量，超市会将各类生鲜商品的冷藏标准上传至超市物联网系统，并在商品上粘贴电子标签，这样当商品进入冷藏柜后，超市物联网系统会自动检测并识别该商品，根据预先制订的保鲜方案调节冷藏柜的温度和湿度，当商品超过保质期时，超市物联网系统会发出过期预警，提醒超市工作人员及时处理商品。

当消费者将贴有电子标签的商品放进装有射频识别天线的购物车时，此信息会被上传到超市物联网系统，同时超市开始分析该商品的销售状况，制订科学的供货方案，力争做到零库存。为了让消费者及时了解商品的详细信息及价格，很多超市会采用条码技术，消费者只需要拿出手机扫一扫，就可以快速了解商品的所有信息，轻松购物。

现在，我们还可以在各大超市、24 小时便利店等商铺中看到无人收银机。当商品被无人收银机扫描时，无人收银机的屏幕上会显示其价格，消费者可以自主选择各种付款方式。

此外，当消费者扫描完商品并将其放置在无人收银机的平台上后，传感器可以识别商品质量，检测其是否与入库商品质量相符。

我们有理由相信，随着技术的进步，未来还会有更多"黑科技"进入超市，给人们的生活带来便利。

（资料来源：数字北京科学中心公众号）

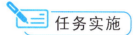 **任务实施**

**任务背景**：某无人超市新进了一批衣服和书签，要在后台管理系统中新增对应的商品信息并完成商品绑定电子标签工作。

**任务要求**：根据提供的商品种类及数量，完成电子标签的选择，并写入具体的商品信息。

**实施步骤如下**。

（1）学生接受实训任务，查看题目要求。

（2）打开实训系统，根据商品信息选择合适的电子标签。

（3）在实训系统中，分别在电子标签中写入商品信息。

（4）利用手机扫码查看电子标签中的商品信息。

（5）查看库存商品信息。

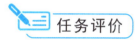 **任务评价**

完成任务评价（表6-2）。

表6-2　任务评价

任务评价得分：

| 序号 | 评价项目 | 分数 | 自我评分 | 教师评分 |
|------|----------|------|----------|----------|
| 1 | 能够根据商品信息选择合适的电子标签 | 20 | | |
| 2 | 能够在实训系统中新增商品信息 | 30 | | |
| 3 | 能够按照实训任务要求正确商品信息 | 20 | | |
| 4 | 能够利用手机扫码查看电子标签中的商品信息 | 20 | | |
| 5 | 能够在后台管理系统中查看库存商品信息 | 10 | | |

注：任务评价得分＝自我评分×40%＋教师评分×60%。

# 任务二　无人机

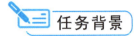 任务背景

　　由于快递行业的高速发展，近年来为了提高效率，许多快递公司都采用了无人机送货，美国 UPS 快递就顺应潮流，将无人机应用到快递流程中。UPS 快递在佛罗里达州释放了小型无人机，无人机会通过 UPS 快递卡车全自动释放，而快递员要做的仅是在货箱固定好将要投放的包裹。对于快递行业来说，"最后一公里"是整个运输过程中效率最低的环节（尤其在农村，快递员驾驶好几公里就为了送一个包裹），而现在 UPS 快递将这个环节使用无人机完成，使效率大大提高。UPS 无人机采用八轴设计，质量不大于 10 磅（4.54 千克），可以载重飞行 30 分钟，这对于"最后一公里"的距离已经足够了，UPS 快递卡车上装有一定数量的无人机，当快递员将 UPS 快递卡车开至制订区域后给无人机装上包裹，无人机就可以起飞运送包裹，而无人机在执行任务时会全程自动运行，不需要人为操作，甚至在起飞后不需要等待返航即可接着到下一个地点执行任务。当无人机完成送货后会自动寻找 UPS 快递卡车的位置返航，然后回到 UPS 快递卡车内充电，这一举措能为 UPS 快递节省上亿美元。

　　美团对于无人机配送服务的探索始于 2017 年，于 2021 年年初完成首笔无人机外卖订单，正式开启无人机常态化试运营工作。美团公布的数据显示，截至 2022 年年底，美团无人机累计配送订单超过 12 万单，其中 2022 年完成订单超过 10 万单，可配送商品种类超过 2 万种。在配送时长方面，无人机去年平均配送时长约为 12 分钟，较传统配送时长（平均 30 分钟）提效近 150%。

　　随着未来低空开放，加上 5G 时代的到来，无人机配送业务有很大的提升和拓展空间。无人机配送是通往下一时代的入场券，而随着技术的不断进步，无人机配送业务落地的步伐会越来越快，而新的物流时代也将到来。

## 任务目标

**知识目标**

（1）掌握无人机的基本原理。

（2）了解无人机的应用前景。

**能力目标**

（1）掌握无人机快递流程。

（2）熟悉无人机的主要应用范围。

**素质目标**

（1）学习物流行业新技术，树立创新发展理念。

（2）了解我国物流企业的进步和发展，增强专业认同感和荣誉感。

## 一、无人机简介

无人驾驶飞机（UAV）简称无人机，它是利用无线电遥控设备操作的或者由车载计算机进行自主地操作的。无人机快递就是利用无线电遥控设备或车载计算机来操纵无人驾驶的低空飞行器来运载包裹自动送达目的地。美团无人机配送如图 6-11 所示。

图 6-11 美团无人机配送

## 二、无人机的基本原理

无人机采用八旋翼飞行器，配有 GPS、iGPS 接收器等各种传感器，以及无线信号收发装置。无人机具有 GPS 自控导航、定点悬浮、人工控制等多种飞行模式。无人机通过移动互联网和无线电通信遥感技术与调度中心等进行数据传输，实时地向调度中心发送自己的地理坐标和状态信息，在接收到目的地坐标以后采用 GPS 自控导航模式飞行，到达目的地后发出着陆请求，在收到着陆请求应答之后平稳着陆。

## 三、无人机快递流程

调度中心在收到发往其他区域的快递信息之后指引无人机收件，无人机收件后，将快件送往本地快递集散分点。各快递集散分点自动将快件按区域进行分类，装箱后送往机场。接下来，大型飞机将快件送往目的的快件地集散基地。最后，快件集散基地把收到的快递箱拆分，再由调度中心调度无人机送往目的地。无人机快递流程如图 6-12 所示。

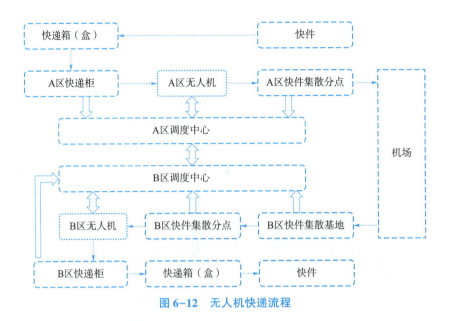

图 6-12　无人机快递流程

## 四、无人机的应用前景

截至 2023 年 9 月，我国有从事无人机行业的企业近 300 多家，其中规模较大的有 160 家，形成了配套齐全的研发、制造、销售、服务体系。目前，我国无人机除了可以运送包裹外，还在航拍、农业、植保、灾后救援、野生动物观察、传染病监控、测绘、地理巡检影视拍摄等领域得到了很好的应用。

微课：无人机的
应用前景

### （一）植保方面

可以利用无人机作为飞行平台搭载药箱、喷洒设备或者监测设备对农田喷药或进行数据采集，不但可以节省人力、避免药物接触，还能够在人工难以操作的地区进行高效作业，从而解决人工施工难的问题；另外，可以利用无人机进行农作物的长势、害虫侵害等方面的监测，为农业植保行业提供及时的信息反馈。

### （二）电力巡检方面

无人机装配有高清数码摄像机和照相机，以及 GPS，可以沿着电网进行定位自主巡航，实时传送拍摄影像，监控人员可在计算机上同步收看与操作。

### （三）灾后救援方面

可以利用搭载了高清拍摄装置的无人机对受灾地区进行航拍，为指挥中心提供最新的灾情影像资料。

### （四）地理勘察方面

无人机可以为国土地资源局实时反映我国的各种土地资源情况，避免滥开发、滥规划。

同时，无人机还可以在城市简陋棚调查、施工占地、垃圾堆放处理、道路修建等方面提供影像资料与实时截图，有利于国土资源的利用与规划。

### （五）野生动物观察方面

无人机配有热成像照相机和热敏传感器后能够在夜间工作。这使无人机能够在不造成任何干扰的情况下监测和研究野生动物，并对它们的生活模式、行为和栖息地进行观察。例如，从 2020 年 3 月开始，云南有 16 头亚洲象从它们栖息的西双版纳出走，无人机跟踪象群的动向，在保障象群食源、减少人象遭遇、确保人象安全方面发挥了重要作用。

### （六）物流方面

无人机解决了农村配送难题。在 2021 年上半年，我国农村地区快递收投量已超过 200 亿件，快速增长的农村网购市场必然催生庞大的物流需求，抢占农村快递市场成为众多快递公司的共识。我国农村，尤其是西部农村的地形复杂，快递人员进行快递配送时往往需要翻山过河，配送一次花费的时间有时需要半天以上，时间成本很高，而且存在一定的风险。无人机能够在很大程度上客服道路所带来的限制，以每小时 50 英里（80.46 千米）的飞行速度计算，10 千米的配送距离所需要的飞行时间大概为 8 分钟，加上装卸货的时间，总的配送时间最多不会超过 30 分钟。目前无人机购置成本在 1 万元左右，能耗每单在 0.5 元左右，每个快件的摊销成本在 1.1 元左右，可见无人机配送具有显著的经济效益。

**行业资讯**

#### 民用无人机领域首项强制性国家标准正式发布

2023 年 6 月 5 日，国家市场监管总局（标准委）发布《民用无人驾驶航空器系统安全要求》强制性国家标准。该标准将于 2024 年 6 月 1 日实施。

近年来，全球民用无人驾驶航空器（俗称民用无人机）产业高速发展，其操作简便、快速灵活，广泛应用于农业、林业、电力、气象、海洋监测、遥感测绘、物流、应急救援等领域，但同时其易改装、难防范，容易出现"黑飞""乱飞"现象，对国家安全、公共安全产生一定的影响。此前，民用无人机产品缺少统一的质量安全标准，少数企业的产品设计不合理，带来一定的风险。

此次发布的标准是中国民用无人机领域首项强制性国家标准，适用于除航模之外的微型、轻型和小型民用无人机。该标准提出了电子围栏、远程识别、应急处置、结构强度、机体结构、整机跌落、动力能源系统、可控性、防差错、感知和避让、数据链保护、电磁兼容性、抗风性、噪声、灯光、标识、使用说明书等 17 个方面的强制性技术要求及对应的试验方法。

作为《无人驾驶航空器飞行管理暂行条例》的配套支撑标准，《民用无人驾驶航空器系统安全要求》可以有效指导研制单位设计生产、规范检测机构合规检测和保障使用者安全使用，有利于进一步筑牢民用无人机产品安全底线，贯彻民用无人机管理要求，促进民用无人机产业健康发展。

我国民用无人驾驶航空器市场正进入快速发展期。为了促进产业健康发展，自2018年起，工业和信息化部会同国家标准化管理委员会组织研究制订《无人驾驶航空器系统标准体系建设指南》并定期更新，最新版指南于2021年发布。该指南规划了包括《民用无人驾驶航空器系统安全要求》在内的国际标准13项、国家标准37项、行业标准24项，目前已发布国际标准5项、国家标准22项、行业标准13项。

（资料来源：《人民日报（海外版）》）

 **任务实施**

**任务背景：** 小明对无人机配送产生了浓厚的兴趣。为了更加了解目前该技术在我国相关企业的应用情况，小明上网搜索相关信息。

**任务要求：** 利用网络资源分别查找京东、苏宁、顺丰、菜鸟等企业的无人机应用情况，比较不同企业的无人机配送的主要发展战略。

**实施步骤如下。**

（1）学生分组，3~4人为一组。

（2）确定3家目标企业，利用网络资源搜索目标企业的无人机应用情况。

（3）学生讨论归纳每一家企业无人机的数量规模、主要应用场景、发展战略等。

（4）根据讨论结果填写表6-3。

**表6-3　知名物流企业无人机应用情况**

| 序号 | 企业 | 最新技术 | 数量规模 | 主要应用场景 | 发展战略 |
|------|------|----------|----------|--------------|----------|
| 1 | | | | | |
| 2 | | | | | |
| 3 | | | | | |

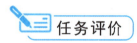 **任务评价**

完成任务评价（表6-4）。

**表6-4　任务评价**

任务评价得分：

| 序号 | 评价项目 | 分数 | 自我评分 | 教师评分 |
|------|----------|------|----------|----------|
| 1 | 能够按照任务要求完成任务 | 20 | | |
| 2 | 所搜集的信息内容丰富、数据准确 | 30 | | |
| 3 | 能够分析不同企业的发展战略 | 20 | | |
| 4 | 小组成员通力合作，互相配合 | 15 | | |
| 5 | 能够结合材料总结小组的观点 | 15 | | |

注：任务评价得分＝自我评分×40%＋教师评分×60%。

# 任务三 无人仓

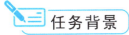 **任务背景**

　　北京时间 2021 年 1 月 15 日，美国运筹学与管理科学学会公布了 2021 年弗兰兹·厄德曼奖最终入围名单，由京东集团自主研发的无人仓调度算法应用位列其中，与亚马逊等 7 家全球企业和机构共同入围。近 50 年来，该奖项仅有 3 家中国企业入围最终名单，此次京东入围为中国供应链领域首次。

　　京东集团在 2007 年自建物流并逐步自主研发智能仓储技术，广泛应用运筹学及大数据技术。2014 年，京东建成首座大型智能物流园区上海"亚洲一号"，并在 2017 年落地全球首个全流程无人仓，实现从收货、储存、分拣、包装全流程的智能化作业。截至 2022 年 12 月 31 日，京东物流已在全国运营超过 1 500 个仓库、2 000 多个云仓，仓储网络总管理面积超过 3 000 万平方米。在全国 27 个城市中，京东物流已布局 35 个"亚洲一号"智能产业园。

　　目前，在京东物流遍布全国的仓储体系中，无人仓调度算法已成为"标配"，在消费者下单的数分钟内，该算法即可帮助机器人完成订单拣选，成为京东首创"睡前下单、醒来收货"服务的重要基础，并正在助力京东物流成为县乡镇消费者可以享受的普惠式服务。

　　基于京东自主研发的无人仓调度算法，京东实现了传统仓储向自动化到智能化的连续跃迁，带动了行业和商业伙伴降本增效。基于数智化社会供应链，京东正与众多合作伙伴推动中国社会化物流成本在 10 年内降至 10% 以内，比肩欧美等发达国家。未来，京东无人仓调度算法将有力推动这一目标的实现，进一步引领全球供应链基础设施的数智化升级。

（资料来源：物流指南网）

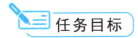 **任务目标**

**知识目标**

（1）了解无人仓的特点。

（2）掌握无人仓的主要构成。

**能力目标**

（1）掌握无人仓的主要应用领域。

（2）掌握无人仓的主要优势。

**素质目标**

（1）培养包容尊重、团结协作的团队意识。

（2）培养创新意识、提升对物流行业的认同感与自豪感。

## 一、无人仓的概念

实现整个仓库作业的全流程无人化操作是无人仓的终极目标。我国物流成本占 GDP 的比例很高，物流节点的产能、运转效率还有很大的提升空间，无论企业还是个人对于物流服务水平提升的需求将是长期持续的，无人仓在高效率、省人力、降成本等方面都显示出优势，它是仓储技术领域一个很好的发展方向，市场前景广阔。无人仓场景如图 6-13 所示。

图 6-13　无人仓场景

## 二、无人仓的特点

### （一）作业无人化

无人仓作业过程主要使用了自动立体式储存、3D 视觉识别、自动包装、人工智能、物联网等各种前沿技术，兼容并蓄，实现了各种设备、机器、系统之间的高效协同，最大限度地避免了人工干预，全程最大限度地实现了机械自动化操作。

### （二）运营数字化

在无人仓模式下，数据是所有动作产生的依据，对所有商品、设备等信息进行采集和识别，并迅速将这些信息转化为准确有效的数据上传至系统，在商品的入库、上架、拣选、补货、出库等各个环节，通过人工智能算法、机器学习等生成决策和指令指导各种设备自动完成物流作业。

### （三）决策智能化

无人仓能够实现成本、效率、体验的最优化，可以大幅降低工人的劳动强度，且效率是传统仓库的 10 倍。无人仓系统具有最大智能化、自主决策的能力，能够自主应对、解决各种业务运转情况。

## 三、无人仓的主要构成

无人仓的构成包括硬件与软件两个部分。

### （一）硬件

对应储存、搬运、拣选、分拣、包装等环节有各类自动化物流设备。其中，典型储存设备有自动化立体仓库；典型搬运设备有输送线、自动导向车、穿梭车、Kiva 机器人、无人叉车等；拣选典型设备有各种机械臂；分拣典型设备有滚轮、摆臂、滑块、交叉带以及其他能实现分拣功能的设备或者系统；包装典型设备有自动称重复核机、自动包装机、自动贴标机等。

### （二）软件

软件主要包括仓储管理系统和仓库控制系统。

仓储管理系统主要用于协调储存、调拨货物、拣选、包装等各个业务环节，根据不同仓库节点的业务繁忙程度动态调整业务的波次和业务执行顺序，并把动作指令发送给仓库控制系统，使整个仓库高效运行。此外，仓储管理系统记录货物出入库的所有信息流、数据流，记录货物的位置和状态，确保库存准确。由于现阶段无人仓采用人机协同作业，所以无人仓的仓储管理系统还需要实现对人员和流程的管理，以及对大量的机器人和数据的管理。

仓库控制系统（WCS）主要接收仓储管理系统的指令，调度仓库设备完成业务动作。仓库控制系统需要灵活对接仓库中各种类型、各种厂家的设备，并能够计算出最优执行动作，如计算机器人最短行驶路径、均衡设备动作流量等，以此支持仓库设备的高效运行。它的另一个功能是时刻对现场设备的运行状态进行监控，出现问题立即报警提示维护人员。

仓储管理系统接收订单信息，通过仓库控制系统驱动设备工作，工作效率的高低取决于系统背后的决策系统，即无人仓的"智慧大脑"，它也是整个无人仓的数据中心、监控中心和控制中心。

微课：无人仓的
发展前景

## 四、无人仓的主要应用领域

随着各类自动化物流设备的快速普及应用，机器人的成本越来越低，各行业对无人仓的需求越来越大。具备如下特征的企业对无人仓的需求更加突出。

（1）劳动密集型且生产波动比较明显的企业，如电商仓储物流企业，对物流时效性要求不断提高，受限于企业用工成本的上升，尤其是临时用工的难度加大，采用无人仓能够有效提高作业效率，降低企业整体成本。

（2）劳动强度比较高或劳动环境恶劣的企业，如港口物流企业、化工企业，通过引入无人仓能够有效降低操作风险，提高作业安全性。

（3）物流用地成本相对较高的企业，如城市中心地带的快消品批发中心，采用无人仓能够有效提高土地利用率，降低仓储成本。

（4）作业流程标准化程度较高的企业，如烟草企业、汽配企业，其标准化的产品更易于衔接标准化的仓储作业流程，实现自动化作业。

（5）对于管理精细化要求较高的企业，如医药企业、精密仪器企业，可以通过软件+硬件的严格管控，实现更加精准的库存管理。

微课：智能物流
中无人仓技术
的创新发展

## 五、无人仓的主要优势

（1）降低企业成本。

（2）减少浪费。

在无人仓商品自动打包过程中，机器会根据商品的实际大小现场裁切包装箱，不仅避免了包装材料的浪费，还减小了小商品使用大包装而在运输途中损坏的可能性。

（3）提高效率。

无人仓从本质上来说服务于订单的生产和运营，可以大幅简化人工环节，减轻工人劳动负荷，其效率是传统仓库的 10 倍。随着国内各大促销节日货运体量的增加，无人仓能在效率方面解决急速增长的体量所带来的物流不顺畅问题。

（4）提高企业竞争力。

无人化运作是很好的竞争手段之一，可以体现企业的实力。无人仓在提高效率、降低成本等的前提下，也可以提高企业竞争力。

（5）利于仓库管理。

无人仓能够以最快的速度将货物送达用户，可以实现预测、采购、补货和分仓的自动化，并能够自动根据客户需求精准调整库存。

（6）实现物流的标准化、精细化与可视化。

无人仓有效整合了无人叉车、自动导向机器人、机械臂、自动包装机等众多智能设备，实现了全流程的无人化。从下单到货物出仓，各项设备协同作业，实现了物流的标准化、精细化与可视化。

---

**知识链接**

### 物流机器人赋能仓库智能化转型升级

"据统计，一名拣选工人一天要在整个仓库里行走 20 千米才能完成当天的拣选作业。而且每到重要消费日，拣选工人的工作就非常繁重。"2023 年 7 月 13 日，记者跟随"高质量发展调研行"北京主题采访活动来到北京极智嘉科技股份有限公司（以下简称"极智嘉"），极智嘉中国市场营销负责人刘彦妤告诉记者，物流机器人的出现大大减轻了拣选工人的工作负担。

在极智嘉的展示中心，一个形似圆盘的机器人放在展览桌上。据了解，"圆盘"机器人的载重高达 1 吨，可以将整个货架顶升。因此，现在仓库拣选工人只需站在固定的检测位置，"圆盘"机器人便会根据指示，把货架驶到拣选工人面前，拣选工人再也不用在仓库中不断行走。这是一个从"人找货"到"货到人"的转变，也是整个仓库实现智能化转型升级过程中最重要的逻辑变化。

据了解，拥有全品类物流机器人产品线和解决方案的极智嘉，在全球自主移动机器人市场的占有率高达 10%，正在不断赋能国内外企业实现物流智能化升级。

（资料来源：中国经济新闻网）

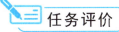 **任务实施**

**任务背景**：小明刚学习了无人仓的概念、特点、主要构成等知识，为了更好地巩固知识掌握程度，他需要完成以下任务。

**任务要求**：结合无人仓仓储作业流程，打开在线实训平台，观看无人仓 3D 作业场景，完成无人仓仓储作业。

**实施步骤如下。**

（1）学生分组，3~4 人一组，并选出小组组长。

（2）讨论仓储作业流程相关环节。

（3）归纳无人仓硬件设备及其主要功能。

（4）讨论仓储作业流程相关环节所需硬件设备及其相关应用并做好记录。

（5）根据小组讨论结果填写表 6-5。

表 6-5　无人仓硬件设备及其主要功能

| 序号 | 仓储作业流程相关环节 | 硬件设备 | 主要功能 |
| --- | --- | --- | --- |
| 1 |  |  |  |
| 2 |  |  |  |
| 3 |  |  |  |
| 4 |  |  |  |
| 5 |  |  |  |
| 6 |  |  |  |

**任务评价**

完成任务评价（表 6-6）。

表 6-6　任务评价

任务评价得分：

| 序号 | 评价项目 | 分数 | 自我评分 | 教师评分 |
|---|---|---|---|---|
| 1 | 能够理解任务要求 | 15 | | |
| 2 | 能够正确总结仓储作业流程相关环节 | 20 | | |
| 3 | 能够正确归纳无人仓硬件设备及其功能 | 20 | | |
| 4 | 能够正确填写表 6-5 | 30 | | |
| 5 | 小组成员合作紧密，学习态度端正 | 15 | | |

注：任务评价得分＝自我评分×40%＋教师评分×60%。

 巩固提高

**一、单选题**

1. 以下不属于无人仓优点的是（　　　）。

A. 作业无人化　　　　B. 运营数字化　　　　C. 决策智能化　　　　D. 全程无人

2. 把数据从一个地方传送到另一个地方的设备称为（　　　）。

A. 中继器　　　　　　B. 路由器　　　　　　C. 交换机　　　　　　D. 服务器

3. 射频识别系统不包括（　　　）。

A. 电子标签　　　　　B. 天线　　　　　　　C. 路由器　　　　　　D. 阅读器

**二、多选题**

1. 路由器的两个主要功能为（　　　）。

A. 数据功能　　　　　B. 控制功能　　　　　C. 链接功能　　　　　D. 转化功能

2. 无人超市需要的基本设备包括（　　　）。

A. 网络设备　　　　　B. 射频识别设备　　　C. 计算设备　　　　　D. 人脸识别设备

3. 无人仓主要包括（　　　）。

A. 仓储管理系统　　　B. 仓库控制系统　　　C. 货架管理　　　　　D. 盘点系统

**三、判断题**

1. 无人仓在提高效率、降低成本等前提下，可以体现企业的综合实力。　　　　　（　　　）

2. 天线可以实现对电子标签识别码和内存数据的读出或写入操作。　　　　　　（　　　）

3. 无人机应用涉及很多方面，其使用不需要进行申报。　　　　　　　　　　　（　　　）

4. 仓库控制系统的主要作用是接收仓储管理系统的指令，调度仓库设备完成业务动作。

（　　　）

**四、简单题**

1. 简述无人超市所需硬件设备及其功能。

2. 简述无人仓的主要应用领域。

3. 简述无人仓的主要优势。

4. 简述无人机快递流程。

# 参 考 文 献

［1］ 缪兴锋. 智能物流技术［M］. 北京：中国人民大学出版社，2021.

［2］ 彭宏春. 智能物流技术［M］. 北京：机械工业出版社，2021.

［3］ 洪琼. 智慧物流与供应链基础［M］. 北京：北京理工大学出版社，2022.

［4］ 刘潇潇. 物流信息技术与应用［M］. 北京：中国人民大学出版社，2022.

［5］ 谢金龙. 物流信息技术与应用［M］. 北京：北京大学出版社，2023.

［6］ 魏学将. 智慧物流概论［M］. 北京：机械工业出版社，2020.

［7］ 王猛. 智慧物流装备与应用［M］. 北京：机械工业出版社，2021.

［8］ 邹霞. 智能物流设施与设备［M］. 北京：电子工业出版社，2020.

［9］ 王喜富. 物联网与智能物流［M］. 北京：清华大学出版社，2021.

［10］ 王喜富. 现代物流技术［M］. 北京：清华大学出版社，2016.

［11］ 王道平. 物流信息技术与应用［M］. 北京：科学出版社，2022.

［12］ 王道平. 现代物流信息技术［M］. 北京：北京大学出版社，2014.

［13］ 蓝仁昌. 物流信息技术［M］. 北京：高等教育出版社，2012.

［14］ 吴砚峰. 物流信息技术［M］. 北京：高等教育出版社，2013.

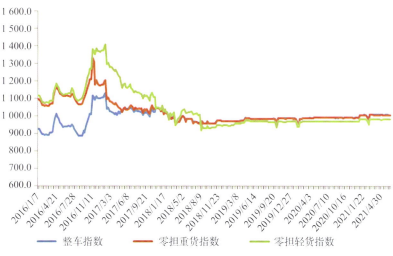

图 4-2　2016—2021 年中国公路物流运价分车型指数

（来源：中国物流信息中心）